FEUERWEHR WINTERBERG
FEUERWEHR
Feuer - Notfall
112

Verlag Podszun-Motorbücher GmbH
Elisabethstraße 23-25, D-59929 Brilon
Internet: www.podszun-verlag.de
Email: info@podszun-verlag.de

Herstellung Druckhaus Cramer, Greven

ISBN 978-3-86133-567-2

# Jahrbuch 2011 Feuerwehr Fahrzeuge



PODSZUN

# Liebe Leserin, lieber Leser!

Dies ist die 16. Ausgabe des Jahrbuchs Feuerwehrfahrzeuge. Wir freuen uns, Ihnen wieder interessante Themen rund um Ihr Hobby anbieten zu können. Dank gilt an dieser Stelle allen Autoren und Bildgebern, die in den letzten Wochen und Monaten mit Engagement und einer Menge Zeitaufwand gearbeitet haben, damit dieses Jahrbuch rechtzeitig zur Frankfurter Buchmesse erscheinen kann. Übrigens: Abbildungen, die nicht namentlich gekennzeichnet sind, wurden jeweils von den Verfassern der Artikel zur Verfügung gestellt.

Dank gilt auch Ihnen, liebe Leserin, lieber Leser, für die Zuschriften oder Telefonate, in denen Sie Kritik und Zustimmung äußerten und Anregungen lieferten. Wir freuen uns auf den Kontakt mit Ihnen und sind gerne bereit, Ihre Wünsche zu berücksichtigen.

Aus Gründen der Lesbarkeit und der besseren Vergleichbarkeit zu historischen Angaben werden auch in diesem Jahrbuch alle Motorleistungsangaben in PS anstelle Kilowatt (kW) angegeben. Obwohl die Einheit Watt seit Jahrzehnten durch das so genannte SI-Einheitensystem als Einheit für die Arbeit und damit auch – als Kilowatt – für die Motorleistung festgeschrieben ist, lässt sich durch die PS-Angaben eine technische Entwicklung zwischen den vorgestellten Neufahrzeugen und Fahrzeugen in den historischen Artikeln besser darstellen. Zudem enthalten die Typbezeichnungen nahezu aller in Deutschland angebotenen Liefer- und Lastkraftwagen einen Hinweis auf die Motorleistung in PS (1 PS entspricht 0,74 kW).

Wir wünschen Ihnen viel Vergnügen mit dem Jahrbuch und nicht vergessen: das nächste Jahrbuch Feuerwehrfahrzeuge, die Ausgabe 2012, ist ab Oktober 2011 erhältlich.

Ihr Redaktionsteam „Jahrbuch Feuerwehrfahrzeuge“

**P.S.**

Sie können das Jahrbuch in Buchhandlungen oder direkt beim Verlag abonnieren.
Von den Ausgaben 1999, 2000, 2001, 2004, 2006, 2007, 2008, 2009 und 2010 sind noch einige Restexemplare lieferbar. Fordern Sie kostenlos und völlig unverbindlich unser Gesamtverzeichnis an mit Büchern über Schwertransporte, Baumaschinen, Lastwagen, Autos, Motorräder, Traktoren, Lokomotiven und Feuerwehrfahrzeuge:

Verlag Podszun-Motorbücher GmbH
Elisabethstraße 23-25, D-59929 Brilon, Telefon 02961/53213, Fax 02961/2508
Email: info@verlag-podszun.de, Internet: www.podszun-verlag.de

# Jahresrückblick

## 2009

### September

Rosenbauer weiht am Standort Leonding die neue Halle 6 ein: 2044 m² stehen dem Service- und Kundenzentrum sowie für die Produktion zur Verfügung, 802 m² für Büros.

Der Norm-Entwurf DIN 14530-8 „Löschgruppenfahrzeug LF-KatS für den Katastrophenschutz“ wird veröffentlicht. Er entspricht dem Pflichtenheft „LF-KatS“ des Bundesamtes für Bevölkerungsschutz und Katastrophenhilfe aus dem Jahr 2008.

Magirus stellt die VAS vor: den vollautomatischen Soforteinstieg bei den Drehleitertypen GL und GL-T.

### Oktober

Oshkosh verkauft seine Beteiligung an Oshkosh-BAI an die früheren BAI-Eigentümer in Italien.

Der vollständig überarbeitete Norm-Entwurf E DIN EN 1846-1 „Feuerwehrfahrzeuge – Teil 1: Nomenklatur und Bezeichnung“ wird veröffentlicht.

Lentner weiht den Erweiterungsbau des Werksgeländes ein. Die neue Fertigungshalle für die Endmontage mit einer Fläche von etwa 2250 m² bietet eine Fertigungskapazität von 150 Fahrzeugen pro Jahr.

### November

Die DIN 75079 „Notarzt-Einsatzfahrzeuge – Begriffe, Anforderungen, Prüfung“ wird veröffentlicht.

Anfang November stellt Lentner das erste fertig gestellte LF-KatS der neuen Generation vor. Das Fahrzeug wird anschließend während der Delegiertentagung des Deutschen Feuerwehrverbandes in Güstrow präsentiert.

### Dezember

Die Firma Orcatech Gesellschaft für Extremschmutzbeseitigung mbH (Hemer) meldet Insolvenz an.

## 2010

### Januar

Die DIN EN 1846-2 „Allgemeine Anforderungen – Sicherheit und Leistung“ wird veröffentlicht.

### Februar

Ziegler weiht am Stammsitz Giengen eine 4000 m² große neue Lackierhalle ein.

Baden-Württemberg gibt einen Erlass zur „Ergänzenden Kenntlichmachung ‚sondersignalberechtigter‘ Feuerwehr-Einsatzfahrzeuge mit Leuchtfarben und/oder Warnflächen nach DIN 14502-3“ heraus.

### März

Die Norm-Entwürfe der DIN 14530 „Löschfahrzeuge“ werden veröffentlicht: Teil 18 „TLF 10/20“, Teil 21 „TLF 20/40-SL“ und Teil 22 „TLF 20/30“. Ebenfalls veröffentlicht wird der Norm-Entwurf E DIN 14475 „Pulverlöschanlagen für den Einbau in Löschfahrzeuge“.

### April

Rosenbauer liefert das erste Fahrzeug mit dem neuen EPS-Hybrid-Energiesystem (Electric Power System) aus. Das HLF 20/16 geht an die FF Aschheim (Landkreis München).

Baden-Württemberg erlaubt im Vorgriff auf eine Norm-Änderung eine Erhöhung des zulässigen Gesamtgewichts von LF 10/6 und HLF 10/6 ab Bestelljahr 2010 auf 12 000 kg.

### Juni

Die Normen DIN 14555, Teile 21 und 22, für Gerätewagen Logistik sowie DIN EN 1777 „Hubarbeitsbühnen für Feuerwehren und Rettungsdienste“ werden veröffentlicht.

Die Messe Interschutz findet in Leipzig statt. Premiere feiern dort unter anderem der neue AT-Aufbau von Rosenbauer, die Z-Cab von Ziegler, die neue Gelenkdrehleiter mit vierteiligem Leitersatz von Magirus, die 33-Meter-Hubarbeitsbühne von Magirus, die überarbeitete TLK 23-12 und die welthöchste Hubarbeitsbühne mit 112 Metern Arbeitshöhe von Bronto Skylift sowie Mercedes-Benz Zetros und U20 im Feuerwehrdienst.

Während der Interschutz erfolgt die offizielle Schlüsselübergabe der ersten HLF 20/16 aus dem 58 Fahrzeuge umfassenden Auftrag an die Branddirektion München. Magirus baute die Fahrzeuge auf Mercedes-Benz Atego 1429 F auf.

### August

Die DIN 14530-8 „LF-KatS“ wird veröffentlicht.

Die Gimaex-Schmitz Fire and Rescue GmbH ändert den Namen und tritt künftig nur noch unter dem Namen und dem Logo der Dachmarke Gimaex auf.

Die Firma Lentner liefert die ersten fünf LF-KatS der Serienfertigung an das BBK aus.

# Neuheiten 2009 und 2010 in Deutschland

von Manfred Gihl, Dr. Andreas Klingelhöller, Jochen Thorns und Thorsten Waldmann

## Einsatzleitfahrzeuge

Der BMW X3 scheint fast so etwas wie der Geheimtipp unter den Kommandowagen zu werden. Gleich mehrere Feuerwehren stellten diesen Typ in Dienst, sodass mittlerweile eine recht große Zahl dieser Fahrzeuge im Einsatzdienst bei den deutschen Feuerwehren steht. Den ab Werk komplett als KdoW angebotenen BMW X3 baut in der Regel die Firma Binz für BMW aus.

Ebenfalls weit verbreitet ist der Audi Q5, welcher wie der BMW ab Werk komplett angeboten wird.

Wirkliche Raritäten als KdoW bei deutschen Feuerwehren sind der Citroën C-Crosser, den beispielsweise die BF Solingen nutzt, der Nissan Navara und der Nissan Qashqai +2. Das erste Fahrzeug dieses Typs bei einer deutschen Feuerwehr erhielt die FF Schkeuditz vor den Toren Leipzigs.

Bei den Einsatzleitwagen der Größe 1 wurde neben den üblichen Typen VW Crafter und Mercedes-Benz Sprinter nun auch der neue VW T5 GP beschafft. Die Buchstaben GP stehen dabei für „Große Produktaufwertung" – ein schönerer Begriff als das neudeutsche „Facelift".

Die größeren Einsatzleitwagen des Typs ELW 2 dominiert in diesem Jahr das Fahrzeug des Landkreises Northeim. Aluca erstellte den Ausbau auf einem Iveco Irisbus und stellte den Bus während der Interschutz vor.

**Die BF Solingen hat 2009 einen Citroën C-Crosser mit Automatik-Getriebe als KdoW in Dienst genommen. Der 2,4-l-Benzin-Motor leistet 125 kW. Das Fahrzeug hat eine zulässige Gesamtmasse von 2290 kg. Lackierung (RAL 3024) und Ausbau erfolgten durch die Solinger Firma Dornseifer. Das Citroën-SUV wird bei entsprechenden Straßenverhältnissen auch als NEF-Reserve vorgehalten** *(kli)*

**Den ersten KdoW auf Basis des Nissan Qashqai +2 Acento stellte die FF Schkeuditz (Sachsen) 2010 in Dienst. Das Fahrzeug wird von einem 2,0-l-Dieselmotor mit einer Leistung von 110 kW angetrieben. Ausbau: Selectric** *(tho)*

**2009 stellte die FF Euskirchen (Nordrhein-Westfalen) diesen KdoW in Dienst. Fahrgestell: BMW X3 2.0 d, Ausbau: Binz** *(tho)*

**Ebenfalls von Binz wurde der KdoW der FF Filderstadt (Baden-Württemberg) auf Basis des BMW X3 xdrive 2.0 d ausgebaut. Baujahr: 2010**

*(tho)*

**Die FF Völklingen (Saarland) nutzt seit 2009 diesen Ford Kuga TDCi als KdoW. Den Ausbau fertigte die Firma Bickle & Scherer (Saarbrücken)**

*(tho)*

**Als ELW-Erkunder bezeichnet die Berliner Feuerwehr diesen KdoW mit Serienausbau. Fahrgestell: BMW 318 d, Baujahr: 2010**

*(tho)*

**Im Dezember 2009 beschaffte die BF Stuttgart diesen KdoW auf Basis des BMW 525 xd Touring. Ausbau: Haberl** *(tho)*

**Der Leiter der Feuerwehr Hamburg erhielt Ende 2009 einen neuen Dienstwagen: einen Mercedes E 250 CDI, dessen Vierzylindermotor eine Leistung von 150 kW hat** *(mgh)*

**Sehr gefällig wirkt die Beklebung des KdoW der FF Metzingen (Baden-Württemberg). Der 2010 gebaute Audi Q5 hat den Werksausbau, der von Barth ergänzt wurde** *(tho)*

Dem Organisatorischen Leiter Rettungsdienst der BF Neumünster steht seit 2009 ein VW Passat 2.0 TDI als KdoW zur Verfügung. Ähnlich den Fahrzeugen der Polizei ist das Feuerwehr-Aussehen durch eine entsprechende Beklebung des in Silber ausgelieferten Fahrzeugs hergestellt worden *(kli)*

Der Amtsleiter der BF Neumünster nutzt seit 2010 einen zivilfarbenen Volvo XC 60 D 3 AWD als KdoW. Die Sondersignalanlage ist verdeckt eingebaut *(kli)*

Als Kommandowagen für die Kreisfeuerwehrbereitschaft kaufte der Landkreis Celle diesen Nissan Navara mit 170-PS-Dieselmotor. Den Ausbau nahm die Firma Pütting in Rees vor, das Baujahr des bei der FF Hermannsburg stationierten Fahrzeuges ist 2010. Der KdoW ersetzt einen Opel Frontera *(thw)*

Einen VW T5 mit langem Radstand, 174-PS-Dieselmotor, Automatikgetriebe und Binz-Ausbau beschaffte die BF Braunschweig 2009 als ELW 1 für den Direktionsdienst. Das Fahrzeug ist unter anderem mit zwei Vier-Meter-Band- und einem Zwei-Meter-Band-Funkgerät (jeweils fest eingebaut), mehreren Handfunkgeräten sowie Mobiltelefon, -fax und einem Notebook mit UMTS-Anbindung ausgerüstet *(thw)*

2009 erhielt die BF Leipzig diesen ELW 1 auf Basis des VW T5. Der Ausbau wurde von Baumeister & Trabandt (Korschenbroich) durchgeführt. Technische Besonderheit des Fahrzeuges ist die auf einem Teleskopmast montierte Tag-/Nacht-Kamera *(tho)*

Im Jahr 2009 ist der Mercedes-Benz Vito-ELW 1 des Oberbeamten vom Alarmdienst der BF Köln (A-Dienst) durch einen neuen „OvA 5“ ersetzt worden. Binz hat ein VW T5-TDI-Fahrgestell ausgebaut, wobei äußerlich der Suchscheinwerfer besonders auffällt *(kli)*

**Als Basis des neuen ELW 1 der Werkfeuerwehr Volkswagen Nutzfahrzeuge in Hannover diente selbstverständlich ein Produkt aus den eigenen Werkshallen. Es handelt sich um einen der ersten T5 GP (VW-Begriff: „Große Produktaufwertung") – äußerlich gut durch die neue Frontgestaltung und die geänderten Heckleuchten erkennbar – im Feuerwehrdienst. Der Caravelle mit langem Radstand und Mittelhochdach wurde 2010 von Aluca ausgebaut. Als Motorisierung dient der 2,0-l-BiTDI mit 180 PS (132 kW)** *(thw)*

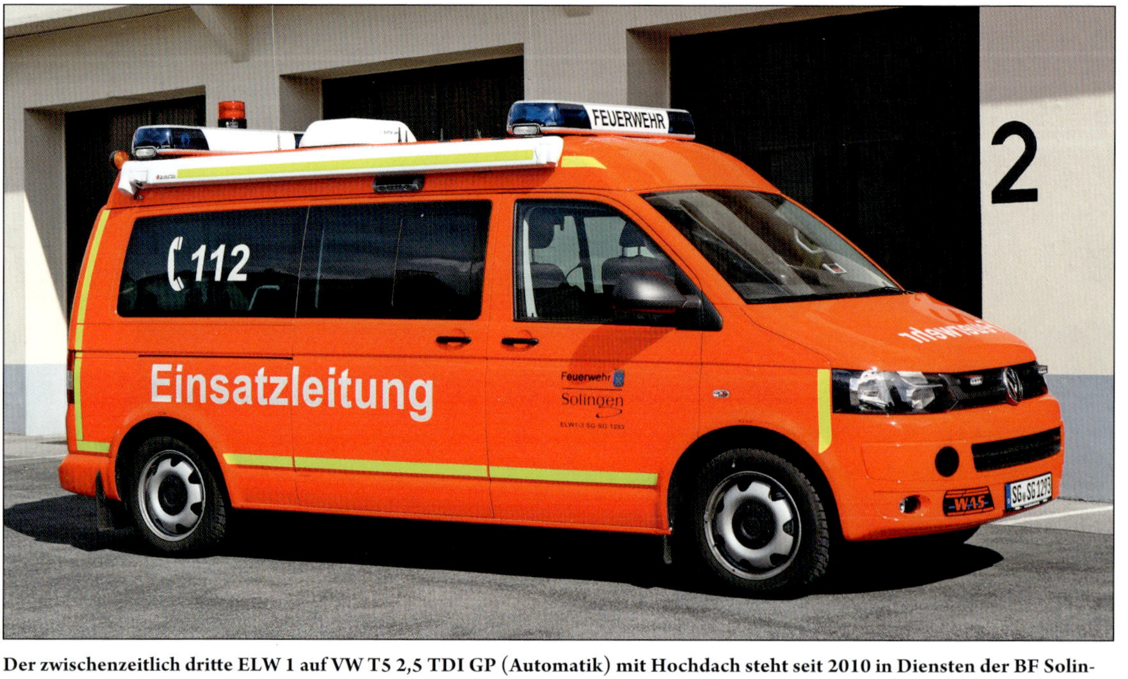


**Der zwischenzeitlich dritte ELW 1 auf VW T5 2,5 TDI GP (Automatik) mit Hochdach steht seit 2010 in Diensten der BF Solingen. Der Ausbau erfolgte diesmal durch WAS (die baugleichen Vorgängerfahrzeuge sind von Swing Car ausgerüstet worden)** *(kli)*

**Barth baute diesen ELW 1 für die BF Reutlingen 2009 auf einem Mercedes-Benz Sprinter 318 CDI 4x4 aus** *(tho)*

**Die neueste Generation der ELW 1 der BF Münster (Baujahr 2009) verfügt über Allradantrieb (Mercedes-Benz Sprinter 318 CDI KA 4x4 Automatik). Zwei baugleiche Fahrzeuge sind von Binz (Illmenau) ausgebaut worden. Um einen Besprechungstisch sind vier drehbare Einzelsitze (inklusive Fahrer-/Beifahrersitz) angeordnet. Der Funktisch mit zwei Major-Sprechstellen ist zum Heck hin ausgerichtet** *(kli)*

**Dieser ELW 1 wurde Mitte 2010 von der BF Ratingen (Nordrhein-Westfalen) in Dienst genommen. Der Mercedes-Benz Sprinter 315 CDI 4x4 wird von einem 110-kW-Dieselmotor angetrieben. Den fernmeldetechnischen Ausbau besorgte die Firma Esser in Mülheim-Kärlich**
*(mgh)*

**Die FF Coesfeld (Nordrhein-Westfalen) hat 2009 einen ELW 1 auf VW Crafter TDI 35 (Radstand 3665 mm) mit einem Ausbau der Firma Schäfer aus Oberderdingen in Dienst gestellt**
*(kli)*

**Der ELW 1 der FF Reken (Nordrhein-Westfalen) aus dem Baujahr 2009 – VW Crafter TDI 35 mit Binz-Ausbau – führt neben den üblichen Ausrüstungsgegenständen und Ausbauten für die Einsatzführung (Dokumentation, Kommunikation und Lageinformation) eine Sonderausstattung für Strahlenschutzeinsätze sowie einen Notfallrucksack inklusive AED mit**
*(kli)*

Die Freiwillige Feuerwehr Meine im Landkreis Gifhorn ersetzte 2010 ihren Einsatzleitwagen auf VW T3 durch diesen VW Crafter 35 mit mittlerem Radstand und Hochdach. Der Ausbau wurde durch die Aluca-Niederlassung in Braunschweig vorgenommen *(thw)*

Einen ELW 2 hat die FF Norderstedt in Dienst genommen. Gimaex-Schmitz realisierte dieses anlässlich der Interschutz 2010 in Leipzig ausgestellte Fahrzeug 2009 auf einem MAN-Fahrgestell des Typs TGM 15.280 4x2 BL (Radstand 5475 mm; zGM 15 000 kg). Im Besprechungsraum mit zehn Sitzplätzen und einem Kommunikationsarbeitsplatz steht eine umfangreiche Präsentations- und Visualisierungstechnik zur Verfügung. Im Funkraum befinden sich drei Arbeitsplätze. Eine Besonderheit ist die selbstaufrichtende Satellitenantenne für Datenverbindungen unabhängig von stationären Kommunikationsnetzen *(kli)*

Der Landkreis Northeim kaufte für die Feuerwehrtechnische Zentrale Einbeck 2010 diesen ELW 2, den Aluca auf einem Iveco Irisbus Crossway realisierte *(tho)*

## Tragkraftspritzen-, Staffel- und Löschgruppenfahrzeuge

Zur Gruppe der genormten Löschfahrzeuge gehören die Kleinlöschfahrzeuge, die Tragkraftspritzenfahrzeuge, die Staffellöschfahrzeuge, die (Hilfeleistungs-)Löschgruppenfahrzeuge und die Tanklöschfahrzeuge.

Vor allem die kleineren Tragkraftspritzenfahrzeuge haben nach wie vor mit Gewichtsproblemen aufgrund der Abgas- und Sicherheitsvorschriften zu kämpfen; aber auch bei den Löschgruppenfahrzeugen zeichnet sich eine Erhöhung des zulässigen Gesamtgewichts ab. So hat Baden-Württemberg im Vorgriff auf die Normänderung bereits bei den LF 10/6 ab Bestelljahr 2010 ein zulässiges Gesamtgewicht von 12 000 kg zugelassen.

Umso bemerkenswerter sind die neuen Fahrgestelllösungen: So begann die fränkische Firma Compoint (Baiersdorf) mit dem Bau von eigenen TSF auf Basis des Ford Transit. Und Abrex (Charlottenthal) baute ein TSF-W auf einem Mitsubishi Fuso Canter auf. Besonders bemerkenswert sind auch die beiden StLF 10/6 der FF Obermaiselstein (Allgäu), die entner nach einem Konzept von FFT Zawadke auf Bremach-T-Rex-Fahrgestellen realisierte. Die beiden baugleichen Fahrzeuge verfügen heckseitig über einen mit einer Ladebordwand abgeschlossenen Geräteraum für zwei Rollcontainer.

Bei den Löschgruppenfahrzeugen konnte BAI nun eine größere Stückzahl der Bestellungen ausliefern.

**Im Mai 2010 übernahm die FF Eckersbach (Bayern) dieses TSF. Es handelt sich um das erste TSF, das die Firma Compoint augebaut hat. Fahrgestell: Ford Transit 115T350** *(tho)*

**Eine solche Kombination ist heute nicht mehr üblich: Die TS 8/8 der FF Busenwurth (Schleswig-Holstein) nebst zugehörigen A-Saugschläuchen wird in dem extra beschafften TSA mitgeführt, der von einem TSF auf Opel Movano 3500 gezogen wird. Den Aufbau, auch den des Anhängers, fertigte das Ziegler-Werk Rendsburg 2009. Der frei gewordene Platz im TSF wird insbesondere für die Verlastung zusätzlichen Schlauchmaterials sowie eines Überdruckbelüfters genutzt** *(kli)*

Aufgrund der räumlichen Enge in ihrem Feuerwehrhaus benötigte die FF Döteberg bei Hannover ein besonders kompaktes Löschfahrzeug als Ersatz für ihr altes Fahrzeug. Die Firma Pütting baute das TSF-W im Jahr 2009 nach den Vorstellungen der Wehr auf Iveco Daily 65 C 15 auf. Die Größe des Löschwasserbehälters beträgt 600 l, die TS lieferte Rosenbauer *(thw)*

Eines der ersten TSF-W mit dem neuen AluFire-3-Aufbau von Iveco Magirus Brandschutztechnik Görlitz erhielt die FF Gielde (Landkreis Wolfenbüttel) im Jahre 2009. Der Löschwasserbehälter fasst 750 l, das Fahrgestell ist vom Typ Iveco Daily 65 C 15 *(thw)*

**Ein ungewöhnliches TSF-W besitzt die FF Horburg-Maßlau (Sachsen-Anhalt). Abrex erstellte den Aufbau auf einem gebraucht erworbenen Mitsubishi Fuso Canter. Baujahr: 2009. Löschwasserbehälter: 750 l** *(tho)*

**Eher selten findet man Aufbauten der Firma Abrex aus Mecklenburg-Vorpommern, wenn, dann auf kleineren Löschfahrzeug-Fahrgestellen. Ein TSF-W auf einem MAN TGL 8.180 4x2 BB erhielt 2010 die FF Steenfeld (Schleswig-Holstein). Löschwasserbehälter: 750 l** *(kli)*

**Die FF Abbesbüttel (Landkreis Gifhorn, Niedersachsen) erhielt 2009 ihr neues TSF-W aus den Werkstätten der Firma ADIK in Mudersbach. Als Fahrgestell dient ein MAN TGL 8.180 4x2 BB mit 8800 kg zulässiger Gesamtmasse. Der Löschwasserbehälter fasst 750 l** *(thw)*

**Ein TSF-W auf MAN TGL 8.180 4x2 BB mit 8800 kg zulässiger Gesamtmasse konnte die FF Osloß vor den Toren Wolfsburgs Ende 2009 übernehmen. Den Aufbau erstellte Rosenbauer Feuerwehrtechnik in Luckenwalde. Die Größe des Löschwasserbehälters beträgt 1000 l** *(thw)*

Ebenfalls Ende 2009 stellte die FF Neubrück im Landkreis Peine ein TSF-W mit ADIK-Aufbau in Dienst. Der MAN TGL 8.180 4x2 BB ist mit einer im Rahmen eingebauten Feuerlöschkreiselpumpe FPN 10-1000 von Hale ausgestattet. Der Löschwasserbehälter fasst 1000 l, ein hydraulischer Rettungssatz wird in Kürze noch nachgerüstet werden *(thw)*

Ein ungewöhnliches StLF 10/6 nutzt die FF Obermaiselstein (Bayern) seit 2009. Lentner realisierte das Fahrzeug unter Nutzung eines Konzeptes der Firma Feuerwehrfahrzeugtechnik Zawadke auf Basis eines Bremach T-Rex TGR 60-E4. Im Heck ist ein mittels Sörensen-Ladebordwand (Tragfähigkeit 750 kg) verschlossener Laderaum für zwei Rollcontainer. Eingebaut sind eine Godiva-FPN 10-1000, eine Hale-Schaumzumischanlage FoamLogix 2.1, ein 600-l-Löschwasserbehälter und ein 100-l-Schaummitteltank *(tho)*

**Ebenfalls 2009 beschaffte die FF Erftstadt (Nordrhein-Westfalen) dieses LF 10/6 auf einem Iveco Magirus 80 EL 18 mit einem Radstand von 3690 mm und einem zulässigen Gesamtgewicht von 8300 kg. Magirus baute eine FPN 10-1000 und einen 600-l-Löschwasserbehälter ein** *(tho)*

**Die Löschgruppe Birkefehl der FF Erndtebrück (Nordrhein-Westfalen) nutzt seit 2009 dieses StLF 10/6. Magirus erstellte den Aufbau auf einem Iveco Magirus 80 E 18. Löschtechnische Einrichtungen: FPN 10-1000, Löschwasserbehälter: 1000 l** *(tho)*

**Für die Ortsfeuerwehr Imsum hat die Gemeinde Langen (Niedersachsen) 2009 ein LF 10/6 auf Mercedes-Benz Atego 1226 F-Fahrgestell beschafft. Den Aufbau fertigte Schlingmann (FPN 10-2000; Löschwasserbehälter 1200 l). Bemerkenswert ist, dass der heckseitige B-Druckabgang in den Unterfahrschutz integriert ist** *(kli)*

**12-t-Fahrgestelle werden zunehmend zum Aufbau eines LF 10/6 verwandt. So auch bei dem entsprechenden Fahrzeug der FF Eddelak (Schleswig-Holstein) aus dem Jahr 2010 (MAN TGL 12.220 4x2 BB), das mit einem Aufbau von Ziegler (Werk Rendsburg) ausgestattet ist. Der Gewichtsklasse entsprechend, führt das Fahrzeug 1200 l Wasser, eine FPN 10-2000, eine seitlich klappbare Einpersonen-Haspel, einen Lichtmast mit vier 24-V-Xenonleuchten sowie einen Hilfeleistungssatz mit** *(kli)*

Dieses LF 10/6 erhielt die Freiwillige Feuerwehr Beedenbostel (Landkreis Celle) im Jahre 2009. Als Fahrgestell findet ein Iveco Magirus 100 E 25 W Verwendung. Der Löschwasserbehälter nimmt 1000 l auf, die Feuerlöschkreiselpumpe ist vom Typ FPN 10-1000 *(thw)*

Als Reservefahrzeug sowie für die Ausbildung stellte die FF Filderstadt (Baden-Württemberg) im Juli 2010 dieses LF 10/6 auf Iveco Magirus 140 E 25 (4x2) mit Magirus-Aufbau in Dienst. Das Fahrzeug verfügt über einen 1600-l-Löschwasserbehälter sowie eine Schiebleiter, eine Schleifkorbtrage und zwei Wechselmodule für den flexiblen Einsatz. Die maximale Bauhöhe beträgt 2,94 m *(tho)*

**Recht ungewöhnlich ist dieses 2009 ausgelieferte LF 10/6 (Eintragung auf dem Typschild) der FF Abbensen im Landkreis Peine. Der MAN TGM 13.280 4x4 BL FW mit Rosenbauer-Aufbau verfügt über eine Vorbauseilwinde des Typs Pomp HSS50 FVB-F mit einer Nennzugkraft von 50 kN. Als hydraulische Rettungsgeräte sind ein SP 30 und eine S 170-105 von Weber verlastet. Eine FPN 10-1000 und ein 600-l-Löschwasserbehälter sind weitere Merkmale des Fahrzeuges. Die zulässige Gesamtmasse beträgt 14 000 kg** *(thw)*

**Ein LF 10/6 auf Basis eines MAN TGM 13.290 4x4 BL FW (13 000 kg zGG) mit Ziegler-Aufbau erhielt die FF Astfeld im Landkreis Goslar im Jahre 2009. Ungewöhnlich für ein LF 10/6 ist die hier verbaute FPN 10-2000, der Löschwasserbehälter weist einen Inhalt von 1000 l auf. Zur weiteren Beladung zählen ein Auer-Leichtschaum- und -Lüftungsgerät, Stromerzeuger 13 kVA, Flutlichttrage 2 x 1000 W und ein Gerätesatz Absturzsicherung** *(thw)*

HLF 10/6 der Niedersächsischen Landesfeuerwehrschule Celle. Magirus erstellte den Aufbau auf dem hauseigenen Fahrgestell des Typs Iveco Magirus 140 E 25. Neben einer FPN 10-1000 gehört ein 1000-l-Löschwasserbehälter zur Ausstattung. Baujahr: 2010 *(tho)*

Erstes und bislang einziges Fahrzeug in Schleswig-Holstein mit einem BAI-Aufbau ist das LF 10/6 der FF Hasenkrug. Das Fahrzeug war vor der endgültigen Übergabe an die Feuerwehr anlässlich der Interschutz in Leipzig auf dem BAI-Stand ausgestellt. Technische Spezifikation: MB 1118 AF (zGM 11 000 kg) mit Schaltgetriebe, FPN 10-2000 (Hale), 1000 l Wasserbehälter, Gerät für technische Hilfeleitungen (Schere/Spreizer/Stempel – vom Vorgängerfahrzeug übernommen), Lichtmast 6 x 900 Watt (klapp- und teleskopierbar) *(kli)*

Über eine sehr umfangreiche Ausstattung verfügt das 2010 ausgelieferte HLF 10/6 der FF Magdeburg-Südost (MAN TGM 13.290 4x4, Rosenbauer). Zu nennen sind außer der FPN 10-1000 und dem 1000-l-Löschwasserbehälter unter anderem ein hydraulischer Hilfeleistungssatz, Stromerzeuger 8 kVA, PFPN 10-1000, HiPress-Hochdrucklöscher und sechs Pressluftatmer mit sechs Ersatzflaschen. Über der fest eingebauten Pumpe befinden sich zwei Schlauchschubladen mit je acht zusammengekuppelten B-Druckschläuchen *(thw)*

Die FF Friedrichshafen (Baden-Württemberg) ließ ihr 2009 von Magirus geliefertes LF 20/16 mit einem Strukturlack in RAL 3000 lackieren. Das Fahrzeug mit einem zulässigen Gesamtgewicht von 14 500 kg verfügt über eine FPN 10-2000 und einen 2500 l fassenden Löschwasserbehälter. Fahrgestell: Iveco Magirus 160 E 30 (4x2) *(tho)*

**Ein beachtlicher Sprung in der fahrzeugtechnischen Ausstattung war die Indienststellung des LF 20/16 für die FF Prisdorf (Schleswig-Holstein). Schlingmann baute auf einem Mercedes-Benz Atego 1529 F (Radstand 4160 mm; zGM 16000 kg) einen Aufbau in QuadraVA-Technik, in und auf dem sich unter anderem ein 2000-l-Löschwasserbehälter, ein 120-l-Schaummitteltank, eine FPN 10-2000, eine Druckzumischanlage AutoMix 30 DE, ein Lichtmast mit sechs Xenon-Scheinwerfern und ein Dachmonitor befinden. Der 10-kVA-Stromerzeuger ist fest eingebaut** *(kli)*

**Die FF Altdorf (Baden-Württemberg) nutzt seit 2010 dieses HLF 10/6, das Rosenbauer in der CL-Bauweise erstellte. Fahrgestell: MAN TGL 12.250 4x2 BB mit automatisiertem Schaltgetriebe „TipMatic“. Ausstattung: FPN 10-2000, 1000-l-Löschwasserbehälter, 120-l-Schaummitteltank, Digidos-Zumischanlage, Schiebleiter, Tragkraftspritze, Kombi-Spreizer, Überdruckbelüfter, Hebekissen-Satz, 8-kVA-Stromerzeuger** *(tho)*

**Rosenbauer Feuerwehrtechnik (Luckenwalde) hat 2010 einen ES-Aufbau auf ein MAN TGM 13.290 4x4 BL FW-Fahrgestell (Radstand 4250 mm, zGM 15 500 kg) gesetzt und als LF 20/16 an die FF Gettorf (Schleswig-Holstein) geliefert. Besonderheit des Fahrzeugs ist der verlängerte Mannschaftsraum. Ausstattung: 3000-l-Löschwasserbehälter, 120-l-Schaummitteltank, FPN 10-2000 (Rosenbauer NH 25), Dachwerfer, zwei Einpersonen-Haspeln, Multifunktionsleiter** *(kli)*

**Das LF 20/16 der FF Peine-Kernstadt (Niedersachsen) baute Rosenbauer 2010 auf einem MAN TGM 13.290 4x4 BL FW mit einer zulässigen Gesamtmasse von 15 500 kg auf. Das Fahrzeug verfügt über eine FPN 10-2000 und einen 2400-l-Löschwasserbehälter. Bei der Lackierung entschied man sich, wie auch beim fast zeitgleich gelieferten Rüstwagen, für die Farbe Weiß mit leuchthellroten (RAL 3026) Folien** *(thw)*

Eine ganz eigene Aufbauform haben die LF 20/16 der Firma Lentner. Ein solches Fahrzeug lieferte die Firma 2009 an die FF Baltmannsweiler (Baden-Württemberg) auf einem MAN TGM 13.290 4x4 BL FW aus. Ausstattung: 2000 l Wasser, 100 l Klasse-A-Schaummittel, FPN 10-3000, Hale Foam-Logix-Zumischeinrichtung, vier PA im Mannschaftsraum *(tho)*

Die FF Kellinghusen (Schleswig-Holstein) hat 2009 ein LF 20/16 erhalten (MAN TGM 13.280 4x4 BL FW; Schlingmann-Aufbau). Der Radstand beträgt 4250 mm. Auf dem Aufbaudach ist ein Werfer fest montiert. Zur Ausrüstung gehören unter anderem ein Lichtmast mit vier Xenon-Scheinwerfern, zwei Multifunktionsleitern sowie eine Chiemsee-Schmutzwasserpumpe *(kli)*

Auch die Abteilung Stetten der FF Leinfelden-Echterdingen erhielt im Sommer 2010 ihr LF 20/16 von BAI. Das Fahrzeug mit einer FPN 10-3000, einer FireDos-1600-Zumischanlage, einem 2200 l fassenden Löschwassertank und je einem 150 beziehungsweise 50 l fassenden Schaummitteltank wurde auf einem MAN TGM 15.280 4x2 LL mit einem zulässigen Gesamtgewicht von 14 500 kg aufgebaut *(tho)*

Über einen Integrale-Aufbau von Magirus verfügt dieses HLF 20/16 der FF Haigerloch (Baden-Württemberg), das 2009 auf einem Iveco Magirus 160 E 30 mit Automatikgetriebe aufgebaut wurde. Außer der Normbeladung werden 2000 l Wasser, je 100 l Class A- beziehungsweise AFFF-Schaummittel, eine FPN 10-2000 und eine FireDos 1600-Zumischanlage mitgeführt *(tho)*

Drei baugleiche HLF 20/16 von Magirus auf Iveco 160 E 30 hat die BF Bochum im Jahr 2009 beschafft. Das abgebildete Fahrzeug steht an der Hauptfeuer- und Rettungswache im Stadtteil Werne. Ausstattung: FPN 10-2000, 2000 l Wasser und 200 l Schaummittel *(kli)*

Die Feuerwehr Tübingen (Baden-Württemberg) erhielt 2010 zwei LF 20/16 der Firma BAI, im Bild das Fahrzeug der Abteilung Derendingen. Die Firma setzte den Aufbau mit dem Namen „BAIway" auf MAN TGM 13.290 4x4 BL FW auf. Die löschtechnischen Einrichtungen umfassen einen 2000-l-Löschwasserbehälter, einen 170-l-Class-A- und einen 80-l-AFFF-Schaummitteltank, eine FPN 10-2000 (Godiva) und eine Schaumzumischanlage des Typs Hale Foam-Logix *(tho)*

**Die Ortsfeuerwehr Ahlem der FF Hannover nutzt dieses HLF 20/16 auf MAN TGM 15.290 4x2 BL. Rosenbauer Feuerwehrtechnik erstellte den Aufbau 2009 in der ES-Bauweise. Das Fahrzeug hat eine Höhe von 2,95 m. Ausstattung: FPN 10-2000, 1600-l-Löschwasserbehälter** *(tho)*

**Die FF Saarmund (Gemeinde Nuthetal, Landkreis Potsdam-Mittelmark) erhielt 2009 dieses Löschfahrzeug. Von der Ausstattung her im Wesentlichen ein Löschgruppenfahrzeug LF 20/16 und auch mit einer Gruppenkabine (1/8) ausgerüstet, verfügt es gleichwohl nicht über eine Schiebleiter. Der Löschwasserbehälter fasst 3000 l, die Feuerlöschkreiselpumpe ist vom Typ FPN 10-2000. Auf dem Aufbau ist ein AWG-Werfer montiert. Als Fahrgestell wird – wie beim fast zeitgleich gelieferten Rüstwagen der Feuerwehr – ein Iveco Magirus 140 E 30 W verwendet. Magirus bezeichnet das Fahrzeug auf dem Typschild übrigens als „LF 20/25"** *(thw)*

**Die FF Erfde (Schleswig-Holstein) hat im März 2010 ein Ziegler-HLF 20/16 auf MAN TGM 13.280 4x4 BL FW in Dienst genommen (zGM 15 000 kg). Ausstattung: FPN 10-2000; 2000-l-Löschwasserbehälter; Rettungssatz: Schneidgerät Weber S 270, Spreizer Weber SP 49 E, Pedalschneider, zwei Hydraulikzylinder; Rettungsplattform; Multifunktionsleiter; Seilwinde Rotzler TR 030/6; zwei Einpersonen-Haspeln (1 x Verkehrssicherung, 1 x Schlauch)** *(kli)*

**Die ersten drei Hilfeleistungslöschfahrzeuge der seit 1986 vierten Generation HLF 20/16, Mercedes-Benz Atego 1529 F (Allison-Automatikgetriebe; zGM 15 000 kg)/Ziegler hat die BF Bremen 2009 in Dienst gestellt. Feuerwehrtechnische Ausrüstung: FPN 10-2000, 1600-l-GFK-Löschwasserbehälter; Rettungssatz (Schneidgerät Weber S 270 71, Spreizer Weber SP 49, Pedalschneider S 30, drei Rettungszylinder), Glassäge, Rettungssäge** *(kli)*

Das Ergebnis einer interkommunalen Ausschreibung von fünf gleichen HLF 20/16 für die Städte Erftstadt, Brühl und Hürth in Nordrhein-Westfalen ist die Beschaffung des Fahrzeuges der FF Erftstadt, das durch die hauptamtlichen Kräfte genutzt wird (Mercedes-Benz Atego 1629 AF/Rosenbauer-AT; Allison-Automatikgetriebe; Radstand 3860 mm; zGM 16 000 kg). Rosenbauer hat diesen Fahrzeugtyp unter anderem mit einer FPN 10-2000 („N 30"), einem 2500-l-Löschwasserbehälter, einem Lichtmast (vier Xenon-Scheinwerfer) sowie einer mechanischen Leiterentnahmehilfe ausgerüstet *(kli)*

Dieses ehemalige Vorführfahrzeug von Rosenbauer Feuerwehrtechnik (ES-Baureihe) übernahm die FF Schöningen im Landkreis Helmstedt im Jahre 2009. Der MAN TGM 13.280 4x4 BL weist ein zulässiges Gesamtgewicht von 15 000 kg auf. Die FPN ist vom Typ 10-2000, der Löschwasserbehälter fasst 1600 l *(thw)*

Zwei im Wesentlichen baugleiche HLF 20/24-2 auf MAN TGM 18.330 4x4 BB (17 000 kg zGM) stellte die FF Lehrte (Region Hannover) 2009 in Dienst. Die von Magirus auf dem Typschild als LF 20/16 bezeichneten Fahrzeuge verfügen jeweils über eine FPN 10-2000, einen Löschwasserbehälter mit 2400 l Inhalt und einen 150-l-Schaummittelbehälter. Nach einem durchdachten einsatztaktischen Konzept unterscheiden sie sich in einigen Details der Ausstattung und Beladung voneinander. Die Fahrzeuge werden intern auch als HLF-B (vorrangiger Einsatz zur Brandbekämpfung) und HLF-T (vorrangiger Einsatz zur technischen Hilfeleistung) bezeichnet *(thw)*

An die Feuerwehr Herford (Nordrhein-Westfalen) lieferte Schlingmann 2009 ein Löschgruppenfahrzeug LF 24 mit Quadra-VA-Aufbau. Es wurde ein Fahrgestell vom Typ Mercedes-Benz Axor 1829 F verwendet. Löschtechnische Daten: Feuerlöschkreiselpumpe FPN 10-3000, 2000 l Wasser, 200 l Schaummittel. 13-kVA-Stromerzeuger. Der Teclite-Lichtmast ist mit sechs Xenon-Scheinwerfern bestückt. Vorn ist eine Seilwinde von Pomp angebaut *(mgh)*

## Tanklöschfahrzeuge

Die derzeit genormten beiden Tanklöschfahrzeuge der Typen TLF 16/24-Tr und TLF 20/40 (-SL) decken die Anforderungen der Feuerwehren nur bedingt ab, da diese Fahrzeuge in vielen Fällen zu groß sind oder nicht in das taktische Konzept der Feuerwehr passen. Vor allem in Niedersachsen wurden in den vergangenen Monaten daher vermehrt TLF 20/30, jedoch entgegen dem Norm-Entwurf mit einer Staffelkabine, beschafft, die teilweise sogar für die besondere Aufgabe der Waldbrandbekämpfung konzipiert und ausgerüstet worden sind.

Kleinere Freiwillige Feuerwehren haben Bedarf an kleineren Tanklöschfahrzeugen gemäß dem Norm-Entwurf für TLF 10/20 als Ersatz für die TLF 8/18 der 1980er-Jahre. Hier scheint sich ein Markt für Tanklöschfahrzeuge auf Basis des Mercedes-Benz Unimog U 20 abzuzeichnen. Das erste TLF 10/20 auf diesem Fahrgestell beschaffte die Feuerwehr Wuppertal.

**Bislang einmalig ist ein Mercedes-Benz Unimog U 20 als Feuerwehrfahrzeug bei einer kommunalen Feuerwehr in Deutschland. Das erste Fahrzeug, ein TLF 20/24-Tr mit Schlingmann-Vollkunststoffaufbau (FPN 10-2000, 2400-l-Löschwasserbehälter, Dachwerfer, Bodensprühdüsen vor der Vorderachse, D-Schlauchmaterial), erhielt 2010 die Einheit Langerfeld der FF Wuppertal insbesondere für Waldbrandeinsätze. Der U 20 zeichnet sich durch kompakte Maße (Länge 5300 mm, Breite 2300 mm, Radstand 2700 mm) und damit einhergehend einen kleinen Wendekreis (12,60 m) aus**
*(kli)*

**Eine Besonderheit bei Fahrzeugen, die insbesondere für die Waldbrandbekämpfung vorgehalten werden, ist der technische Hitzeschutz der Fahrgestellunterseite. So auch bei dem TLF 16/24-Tr der FF Solingen, Löscheinheit Merscheid, des Baujahres 2009. Fahrgestell: Mercedes-Benz Unimog U 5000 (zGM 14 100 kg), Aufbau: Schlingmann. Bei der Waldbrandbekämpfung kommen die mitgeführten D-Rollschläuche und D-Strahlrohre sowie Staubmasken zum Einsatz. Die Wattiefe von 1,20 m ist an einer am vorderen Kotflügel angebrachten Markierung kenntlich gemacht**
*(kli)*

Auch die Feuerwehr Remscheid trägt den zunehmend bedeutsamen Belangen der Waldbrandbekämpfung Rechnung. Bei der Einheit Lennep der FF ist 2009 eines von vier baugleichen TLF 16/24-Tr auf einem geländegängigen Mercedes-Benz Atego 1126 AFE-Fahrgestell mit Einzelbereifung und 2400-l-Löschwasserbehälter stationiert worden. In dem Aufbau von Schlingmann sind unter anderem Schlauchtragekörbe und Strahlrohre der Größe D verlastet *(kli)*

Ein TLF 24/50 hat die FF Elmshorn (Schleswig-Holstein) 2009 durch ein TLF 16/24-Tr auf einem Mercedes-Benz-Fahrgestell Atego 1529 AF mit Aufbau von Schlingmann ersetzt. Das Fahrzeug führt eine FPN 10-3000, 3600 l Wasser, 120 l Schaummittel sowie eine Druckzumischanlage AutoMix 72 DE mit. Am Fahrzeugheck ist ein Lichtmast mit sechs Xenon-Scheinwerfern angebracht *(kli)*

Die Ortsfeuerwehr Axstedt der FF Hamberge (Niedersachsen) erhielt 2010 dieses TLF 16/24-Tr. Schlingmann realisierte den Aufbau auf einem MAN TGM 13.240 4x4 BL FW. Das Fahrzeug verfügt über eine FPN 10-2000, einen 3000 l fassenden Löschwasserbehälter und einen Lichtmast mit vier Xenon-Scheinwerfern *(tho)*

Als Ersatz für ein TLF 8 (W) nach Technischer Weisung des Landes Niedersachsen beschaffte die FF Süpplingen (Landkreis Helmstedt, Niedersachsen) 2009 ein TLF 16/24-Tr. Der MAN TGM 13.240 4x4 BL weist eine zulässige Gesamtmasse von 11 000 kg auf; den Aufbau erstellte Iveco Magirus Brandschutztechnik Weisweil. Weitere Daten: FPN 10-2000, Löschwasserbehälter 2400 l *(thw)*

Als TLF 16/30 wird dieses Tanklöschfahrzeug der FF Hellenthal (Nordrhein-Westfalen) bezeichnet. Magirus baute es auf einem einzelbereiften Iveco Magirus 140 E 30 W im Jahr 2009 auf. In den Aufbau sind ein 3000-l-Löschwasserbehälter und eine FPN 10-3000 integiert *(tho)*

Die Ortsfeuerwehr Osterwald UE der FF Garbsen (Region Hannover) erhielt 2010 dieses TLF 20/24 mit Staffelbesatzung, welches Ziegler auf dem Aufbauhersteller-Typschild allerdings als „TLF 20/25 Sonder" bezeichnet. Der MAN TGM 13.240 4x4 BL mit einer zGM von 13 000 kg ist zur Erhöhung der Geländefähigkeit mit Einzelbereifung ausgerüstet. Der Löschwasservorrat ist daher mit 2400 l etwas geringer als dies mit Zwillingsreifen an der Hinterachse möglich gewesen wäre *(thw)*

Die Ortsfeuerwehr Horst der FF Garbsen (Region Hannover) entschied sich bei ihrem Tanklöschfahrzeug für einen Aufbau von ADIK. Der Löschwasservorrat beträgt 3000 l, als Pumpe kommt eine FPN 10-3000 von PF Jöhstadt zum Einsatz. Das 2009 ausgelieferte Fahrzeug ist bereits auf einem MAN TGM 13.250 4x4 BL aufgebaut. Im direkten Vergleich fällt auf, dass das TLF kompakter ist als das fast zeitgleich gelieferte Ziegler-Fahrzeug der Ortsfeuerwehr Osterwald UE *(thw)*

Die FF Melbeck (Landkreis Lüneburg) erhielt 2009 dieses TLF 20/35 (Löschwasserbehälter 3480 l – Ziegler-Typschild: TLF 20/25). In Verbindung mit der zudem vorgesehenen Ausstattung für technische Hilfeleistung – zum Einsatzgebiet der Feuerwehr gehört die vielbefahrene Bundesstraße 4 – war die Wahl eines 18-t-Fahrgestells notwendig (MAN TGM 18.330 4x4 BB). Die FPN ist vom Typ 10-2000 *(thw)*

Die Feuerwehr Dorsten (Nordrhein-Westfalen) erhielt 2009 zwei baugleiche TLF 20/40 von Magirus, die auf einzelbereiften Iveco Magirus 140 E 15 W aufgebaut sind (FPN 10-2000, Löschwasserbehälter: 3960 l). Das abgebildete Fahrzeug ist beim Löschzug Hervest Dorf stationiert *(tho)*

Die Ortsfeuerwehren Limmer, Wülferode und Bemerode der FF Hannover erhielten 2009 je ein TLF 20/50-KatS (MAN TGM 18.290 4x4 BB mit TipMatic-Getriebe; Rosenbauer ES-Aufbau) zugewiesen. Die Konfiguration der Fahrzeuge – hier abgebildet das der FF Bemerode – orientiert sich an der Norm der TLF 20/40. Mit Berücksichtigung der Aufgaben im Katastrophenschutz ist der Löschwasserbehälter vergrößert (5000 l), jeweils vor Vorder- und Hinterachse ist eine Selbstschutzeinrichtung verbaut und Wasser kann im Pump-and-Roll-Betrieb abgegeben werden. In den Geräteräumen des Fahrzeuges sind auch ein 5000-l-Faltbehälter sowie DCD-Verteiler und D-Schlauchmaterial untergebracht *(kli)*

Ein TLF 20/40-SL mit Aufbau von Rosenbauer Feuerwehrtechnik erhielt die FF Schneverdingen (Landkreis Soltau-Fallingbostel) im Jahre 2010. Der MAN 18.290 4x4 BB mit 18 000 kg zulässiger Gesamtmasse ist mit einem Fernverkehrsfahrerhaus ausgestattet, welches ausreichend Raum für die Unterbringung der persönlichen Schutzausrüstung bietet. Einige weitere Leistungsdaten des Fahrzeuges: FPN 10-2000, 5000 l Wasser, 200 l Schaummittel, fahrbarer Kohlendioxid-Löscher, Lichtmast mit sechs Xenon-Scheinwerfern *(thw)*

Schlingmann lieferte 2009 ein TLF 20/40-SL an die FF Werder (Havel) im Bundesland Brandenburg aus – Fahrgestell: MAN TGM 18.340 4x4 BB. Das Fahrzeug führt 5000 l Wasser und 540 l Schaummittel mit und ist mit einer CAFS-Anlage ausgerüstet *(kli)*

Das neueste TLF 20/40-SL (Mercedes-Benz Axor 1833 A; Radstand 3900 mm; zGM 18 000 kg) der BF Münster (Baujahr 2010) trägt einen „AluPrime"-Aufbau von Gimaex, der aus Aluminium-Profilen und -Verblendungen auf einem feuerverzinkten Rahmen besteht – 4800-l-Löschwasserbehälter, 500-l-Schaummitteltank sowie PLA 500 (Total). Die Feuerlöschkreiselpumpe FPN 10-2000 stammt von PF Jöhstadt. Auch die Unterseite dieses Fahrzeugs ist „hitzegeschützt". Die Watfähigkeit (außen markiert) beträgt 750 mm. Besonderheit: Die Umfeldbeleuchtung basiert auf LED-Technik *(kli)*

Eine eher ungewöhnliche Fahrzeugkonfiguration ist dieses TLF 20/40-SL mit Staffelkabine der FF Handewitt (Schleswig-Holstein). Rosenbauer Feuerwehrtechnik (Luckenwalde) baute das Fahrzeug auf einem Mercedes-Benz Axor-Fahrgestell 1833 A (Radstand 3600 mm; zGM 19 000 kg) auf. Daten: FPN 10-2000 (Rosenbauer NH 25), 4500-l-Löschwasserbehälter, 500-l-Schaummitteltank, Lichtmast 2 x 1500 W *(kli)*

Schlingmann baute 2009 dieses Tanklöschfahrzeug TLF 24/48 für die Feuerwehr Speyer (Rheinland-Pfalz) auf dem Fahrgestell MAN TGM 18.330 4x4 BL in Quadra VA-Technik. Zum Selbstschutz sind je drei Sprühdüsen vor der Vorder- und Hinterachse angeordnet. Zur Beladung gehört auch ein Kombispreizer *(mgh)*

Die Ortsfeuerwehr Löwenbruch der FF Ludwigsfelde (Brandenburg) hat 2010 ein TLF 20/40-St nach Brandenburger Landesvorgabe erhalten (MAN TGM 13.290 4x4 BL; TipMatic-Schaltung; Radstand 3950 mm; zGM 14 500 kg). Diese TLF werden für Stützpunktfeuerwehren beschafft und sollen schwerpunktmäßig in wasserarmen Gebieten und abseits befestigter Straßen zum Einsatz kommen (Wald!). Ausstattung: FPN 10-2000, 4000-l-Löschwasserbehälter mit Füllstandsregulierung, Bodensprühdüsen, Dachwerfer *(kli)*

„TLF-Wald" lautet die Türschildbezeichnung eines neuen Fahrzeuges der BF Koblenz. Das durch die Firma Ritter 2009 gebaute geländegängige TLF (Mercedes-Benz Atego 1326 AFE) mit Staffelkabine ist gekennzeichnet durch einen modularen Aufbau. Der Wechselcontainer für die Brandbekämpfung verfügt über einen Löschwasserbehälter mit 3500 l nutzbarem Fassungsvermögen sowie eine TS 8/8. Der Container kann gegen ein System zum Transport von Personal und Material getauscht werden. Dies wird mit Priorität bei hochwasserbedingten Überflutungen der Koblenzer Innenstadt der Fall sein. Dafür ist auch die Wattiefe von 80 cm ausgelegt *(kli)*

Ein Tanklöschfahrzeug von MAN und Gimaex-Schmitz mit bemerkenswerten Leistungsdaten beschaffte die BF Leipzig im Interschutz-Jahr 2010. Als Feuerlöschkreiselpumpe wurde eine FPN 10-4000 verbaut; an Löschmitteln werden 7000 l Wasser, 2000 l Schaummittel und 1000 kg Pulver (Gloria-Löschanlage) mitgeführt. Der auf dem Aufbaudach montierte Werfer verfügt über eine Hydro-Chem-Düse, welche eine gleichzeitige Abgabe von Wasser, Schaum und Pulver ermöglicht. Das intern als GTLF 40/70 bezeichnete Fahrzeug basiert auf einem MAN TGS 28.440 6x4-4 BL mit 26000 kg zGM und wurde von Gimaex-Schmitz aufgebaut *(thw)*

## Hubrettungsfahrzeuge

Unter dem Begriff werden einerseits die klassischen Drehleitern, andererseits die Hubarbeitsbühnen (HAB), also die Teleskopmast- sowie die Gelenkmastbühnen, zusammengefasst.

Besonders herausragende Fahrzeuge sind im vergangenen Jahr – mit Ausnahme der Hubarbeitsbühne der Feuerwehr Hannover – nicht in Dienst gestellt worden; interessant waren eher die Fahrgestell-Aufbau-Kombinationen. So bestellte die Feuerwehr Gladbeck eine Magirus-DLA (K) 23/12 auf einem Scania. Drei Freiwillige Feuerwehren im Landkreis Bamberg stellten Gelenkdrehleitern L 32 A von Metz auf Basis des Iveco Magirus 160 E 30 in Dienst.

Bemerkenswert ist die Marktentwicklung des oft totgesagten Kombinationsfahrzeugs „Multistar". Magirus lieferte gleich mehrere Fahrzeuge aus.

**Über eine abgesetzte Anzeigeeinheit des Hauptbedienstandes für Ausbildungszwecke verfügt diese DLA (K) 23/12 der Niedersächsischen Landesfeuerwehrschule in Celle. Metz Aerials baute das Fahrzeug 2009 auf einem MAN TGM 15.280 4x2 BL auf** *(tho)*

**Ihr Hubrettungsfahrzeug hat die FF Bad Oldesloe (Schleswig-Holstein) durch eine DLA (K) 23/12 von Metz Aerials auf einem MAN TGM 15.290 4x2 BL-Fahrgestell ersetzt. An der Unterleiter befindet sich eine 4-t-Krananlage** *(kli)*

**Metz Aerials lieferte 2010 drei DLA (K) 23/12 mit absenkbarem Leiterteil des Typs „L 32 A“ auf Fahrgestellen des Typs Iveco 160 E 30 an Freiwillige Feuerwehren im Landkreis Bamberg (Bayern) aus. Abgebildet ist das Fahrzeug der FF Burgebrach** *(tho)*

**Die BF Offenbach erhielt 2009 von Metz eine neue Drehleiter DLA (K) 23/12. Die BF wählte ein dreiachsiges Fahrgestell Mercedes-Benz Atego 1329 L/NLA. Auf der Drehleiter werden Stromerzeuger, Sprungretter und ein Überdruckbelüfter mitgeführt** *(mgh)*

**Die DLA (K) 23/12 GL-T CS der FF Königswinter (Nordrhein-Westfalen) hat Magirus 2010 auf einem Mercedes-Benz Atego 1529 F-Fahrgestell (Allison-Automatikgetriebe; Radstand 4760 mm; zGM 15 500 kg) aufgebaut. An der Fahrzeugbezeichnung erkennbar: Leiter mit teleskopierbarem Gelenkteil**
*(kli)*

**Nachdem die Feuerwehr Gladbeck (Nordrhein-Westfalen) 2008 ein HLF 20/16 auf einem Scania-Fahrgestell in Dienst genommen hatte, folgte 2010 eine Drehleiter DLA (K) 23/12 von Magirus, Typ GL-T, ebenfalls auf einem Fahrgestell dieses Herstellers, und zwar vom Typ P 280 XLEP 4x2**
*(mgh)*

**Gleich zwei baugleiche Drehleitern DLA (K) 23/12 von Magirus, Typ GL-T, beschaffte die Feuerwehr Paderborn 2009. Sie sind auf Fahrgestellen Mercedes-Benz Econic 1833 L/LNA mit Nachlauflenkachse aufgebaut**
*(mgh)*

**Ein Scania P 280 DB 4x2 MNZ mit 18 000 kg zulässiger Gesamtmasse bildet die Basis für die 2010 durch Ziegler Feuerwehrgerätetechnik (Mühlau) gelieferte Hubarbeitsbühne HAB 27 der FF Gräfenhainichen (Landkreis Wittenberg, Sachsen-Anhalt). Den Gelenkteleskopmast baute Bronto Skylift (Typbezeichnung F 27 RLH). Intern wird das Fahrzeug als TM 27 bezeichnet** *(thw)*

**Einen Bronto Skylift-Teleskopmast vom Typ F 34 RLX auf Mercedes-Benz Atego 2029 F (zGM 20 000 kg) hat 2009 die FF Coswig (Sachsen) in Dienst gestellt. Der feuerwehrtechnische Ausbau erfolgte bei Ziegler in Mühlau** *(kli)*

Ebenfalls eine größere Teleskopmastbühne hat die BF Cottbus (Brandenburg) mit dieser F 42 RLX von Bronto Skylift auf Mercedes-Benz Econic 2633 LL im Oktober 2009 für die Feuer- und Rettungswache 1 übernommen. Das Fahrgestell ist mit einer Nachlauflenkachse ausgestattet. Auch hier erfolgte der feuerwehrtechnische Ausbau bei Ziegler in Mühlau *(kli)*

Als TMB 54 führt die BF Hannover ihre im Interschutz-Jahr 2010 gebaute Hubarbeitsbühne. Der Bronto Skylift F 54 RLX wurde von Ziegler Feuerwehrgerätetechnik Mühlau (Eintrag auf dem Typschild: TMB) ausgeliefert. Das Fahrgestell ist vom Mercedes-Benz-Typ Actros 3244. Einige Anpassungsarbeiten (unter anderem Einbau der Vorlauflenkachse, Tieferlegung des Fahrgestells) nahm die Firma Paul in Passau vor. Die maximale Korbtraglast beträgt 540 kg. Zur weiteren Ausstattung zählen eine FPN 15-3000, ein FireDos-4000-Zumischsystem, ein Wasserwerfer (maximale Durchflussleistung 3800 l/min bei 7 bar), Krankentragenlagerung, Schleifkorbtrage und fernsteuerbare Kamera *(thw)*

Einen „Multistar" in der Ausführung als Hubrettungs-Universallöschfahrzeug (HULF) erhielt der Löschzug Wiedenbrück der FF Rheda-Wiedenbrück (Nordrhein-Westfalen) 2009 von Magirus. Er ist auf dem Fahrgestell Iveco FF 160 E 30 aufgebaut. Das HULF ist mit einer Feuerlöschkreiselpumpe FPN 20-1000 und einem 1200-l-Löschwasserbehälter ausgestattet. Die Rettungshöhe des Teleskopmastes beträgt 28 m *(mgh)*

Der Multistar-HuRW (Iveco ML 180 E 30 Eurocargo; zGM 18 000 kg) der FF Neuenrade (Nordrhein-Westfalen) hat einen Rüstwagen-Aufbau mit Truppkabine und einen fernsteuerbaren 30-m-Teleskopmast. Der Umfang der Beladung ist mit der eines RW 1 vergleichbar, ergänzt um die Zusatzkomponente ABC-Schutz. Die 50-kN-Seilwinde stammt von Rotzler (TR 030/6) *(kli)*

## Sonderfahrzeuge für Industrie und Flughäfen

Unter dem Begriff „Sonderfahrzeuge für Industrie und Flughäfen" werden die ungenormten Fahrzeuge für die Werk- und Betriebsfeuerwehren, aber auch die Flughafenlöschfahrzeuge zusammengefasst.

Bei den Flughafenlöschfahrzeugen dominierte der Ziegler „Z6", den die Bundeswehr 2009 in einer größeren Stückzahl beschaffte. Rosenbauer stellte den „Panther 8x8 SWB" mit verkürztem Radstand vor. Die ersten drei Fahrzeuge gingen an die Flughäfen Leipzig/Halle und Düsseldorf.

**Die WF Messe Stuttgart erhielt 2009 dieses VLF von Weschenfelder. Als Basis diente ein Mercedes-Benz Vito 115 CDI. Das Fahrzeug wird vor allem für den Brandschutz in den Messeparkhäusern und den Hallen genutzt. Mitgeführt wird eine Rosenbauer-UHPS mit 160-l-Wassertank und 20-l-Schaummittelbehälter, Schlauchtragekörbe, Pressluftatmer, Kleinlöschgeräte und ein Notfallrucksack** *(tho)*

**Die WF RWE Power im Tagebau Garzweiler nutzt seit September 2009 dieses TLF 25/24-2-2 auf Iveco Trakker AT 190T36W. FPN 10-2000 mit zwei A-Saugeingängen. Löschmittel: 2400 l Wasser, 200 l Fire-Sorb-Löschgel, 200 l Mehrbereichsschaummittel** *(tho)*

Die WF Shell Deutschland Oil, Wesseling, beschaffte 2009 dieses HLF 3000/500/180. Rosenbauer erstellte den Aufbau auf einem Mercedes-Benz Econic 2633 6x2 mit einem zulässigen Gesamtgewicht von 26 000 kg. Mitgeführt werden 2000 l Wasser, 1000 l Schaummittel, 500 kg Pulver und 180 kg Kohlendioxid. Als Feuerlöschkreiselpumpe kommt eine Rosenbauer N55 mit einer Leistung von 5500 l/min bei 8 bar und einem vollautomatischen Druckzumischsystem Hydromatic zur Anwendung *(tho)*

Ab 2009 ersetzt die Bundeswehr das FlKfz 3500 auf Faun-Fahrgestell durch das „Feuerlöschkraftfahrzeug, mittel, Flugplatz" (FlKfz mittel). Das FlKfz mittel von Ziegler hat die vollständige Bezeichnung FLF 40/60-6-500 P; Fahrgestell: MAN SX 33.685 6x6. Löschtechnische Eckdaten: FPN 10-4000-2 HL, 6000 l Wasser, 600 l Schaummittel, 500 kg Pulver. Vergleichbare Fahrzeuge verkauft Ziegler im zivilen Bereich unter der Bezeichnung Z 6. Das abgebildete Fahrzeug ist der Feuerwehr des Marinefliegerhorstes Kiel-Holtenau zugewiesen worden *(kli)*

Den ersten Panther 8x8 CA7 HRET SWB erhielt die WF Flughafen Leipzig/Halle 2010. SWB steht für Short Wheel Base, also einen verkürzten Radstand . Rosenbauer baute das Fahrzeug auf einem eigenen Fahrgestell „Rosenbauer 52.1250 8x8 SWB" auf. Löschtechnische Einrichtungen: 12 500 l Wasser, 1500 l Schaummittel, 500 kg Pulver, FPN 10-8000+FPH 40-400, Schaumzumischsystem Foamatic E, Löscharm „Stinger" mit Werfer RM 65 und Piercing-Tool. Der Werfer am Löscharm hat einen Durchfluss von 6000 l/min beziehungsweise 14 kg/s Pulver, der Frontwerfer von 1500 l/min *(tho)*

Auf einem MAN TGS 26.480 6x4H-BL mit HydroDrive-Allradantrieb baute Rosenbauer 2010 die Rettungstreppe E8000/E3000 für die WF Flughafen Leipzig/Halle auf. Die Haupttreppe erreicht eine Höhe zwischen 3,3 und 8,3 m, die Fronttreppe zwischen 1,0 und 3,0 m. Zulässiges Gesamtgewicht: 26 000 kg *(tho)*

## Rüst- und Gerätewagen

Seit der Normung der Gerätewagen Logistik im Jahr 2005 scheint der Bedarf der Feuerwehren an diesen Universalfahrzeugen weiter ungebrochen. Auch in diesem Jahr wurden wieder ungewöhnlich viele GW-L oder diesem Typ ähnliche Logistikfahrzeuge nach Landesrichtlinien (zum Beispiel GW-T in Baden-Württemberg oder V-LKW in Bayern) beschafft.

Ebenfalls auffällig sind die beschafften Gerätewagen Wasserrettung/Taucher und die Gerätewagen Mess (vor allem in Nordrhein-Westfalen).

Bei den Rüstwagen werden nur noch sehr wenige Fahrzeuge mit heckseitiger Ladebordwand beschafft. Deutlich öfter gelangen derzeit Rüstwagen mit Ladekränen zur Beschaffung. Dreiachsige Fahrzeuge wie der Rüstwagen der BF Ludwigshafen sind dabei aber die Ausnahme.

**Der niedersächsische Landkreis Harburg beschaffte 2010 zwei bis auf geringe Details baugleiche Rüstwagen und stationierte sie in Winsen/Luhe und Egestorf (hier das Egestorfer Fahrzeug). Beide Fahrzeuge basieren auf Fahrgestellen des Typs Mercedes-Benz Atego 1429 AF mit 14 000 kg zGM und haben Aufbauten von Iveco Magirus Brandschutztechnik Weisweil. Die Generatoren sind vom GTS-Typ DWG (BL) 30/15-2 ZE mit 30 kVA Leistung, die maschinellen Zugeinrichtungen sind Rotzler TR 030/6** *(thw)*

**2009 konnte die Freiwillige Feuerwehr Saarmund (Gemeinde Nuthetal) im Landkreis Potsdam-Mittelmark einen neuen RW in Dienst stellen. Der Iveco 140 E 30 W mit Magirus-Aufbau verfügt über einen 20-kVA-Generator von GTS und eine 50-kN-Seilwinde des Typs Rotzler 030/6. Der hydraulische Rettungssatz umfasst unter anderem ein Schneidgerät S 271 und einen Spreizer SP 60. Zur weiteren Ausstattung zählen Plasmaschneidgerät, Schlauchboot und Rettungsplattform. Die zulässige Gesamtmasse des Fahrzeuges beträgt 14 500 kg** *(thw)*

Ein Rüstwagen mit einem Aufbau von Schlingmann auf einem Iveco-Fahrgestell (140 E 30 mit Automatikgetriebe) ist eine Rarität. Die FF Schwelm (Nordrhein-Westfalen) besitzt seit 2010 ein solches Fahrzeug. Zum Fahrzeug gehören unter anderem: Rotzler-Seilwinde TR 030/6, GTS-Stromerzeuger 30 kVA (400 V), Weber-Rettungsschere RS 170 und -Spreizer SP 60 *(kli)*

Zeitgleich mit ihrem LF 20/16 beschaffte die FF Peine einen neuen Rüstwagen. Der von Rosenbauer Feuerwehrtechnik gebaute RW basiert auf einem MAN TGM 13.290 4x4 BL FW mit 13 000 kg zGM. Die Rotzler-Seilwinde ist vom Typ TR 030/6 (50 kN), der Generator leistet 30 kVA *(thw)*

Im September 2010 nahm die BF Hannover zwei neue Rüstwagen in Dienst. Rosenbauer Feuerwehrtechnik baute sie auf dem Fahrgestell MAN TGM 13.290 4x4 BL. Sie sind mit einer 50-kN-Rotzler „Treibmatic" und einem 30-kVA-Generator ausgestattet. Es sind zwei Lichtmasten vorhanden, vorn mit sechs Xenon-Scheinwerfern, hinten mit zwei Halogen-Scheinwerfern bestückt. Die letzte Rüstwagen-Beschaffung in Hannover erfolgte 1991 *(mgh)*

Einen RW erhielt die FF Winsen/Luhe (Niedersachsen) 2010 von Magirus auf dem Fahrgestell Mercedes-Benz Atego 1429 AF. Ausstattung: Generator 23 kVA, Rotzler Treibmatic 50 kn. Die Beladung nach Norm wird durch eine Ölwehrausrüstung und einen Gerätesatz Höhenrettung ergänzt. Statt Steckleitern wird eine Multifunktionsleiter mitgeführt *(mgh)*

Der 2010 ausgelieferte neue Rüstwagen der FF Torgau (Landkreis Nordsachsen) ist mit einem Palfinger-Kran des Typs PK 11001 ausgestattet. Schlingmann erstellte den feuerwehrtechnischen Aufbau auf einem MAN-Fahrgestell TGM 18.250 4x4 BB mit 16000 kg zGM. Zur Beladung zählen ein Spreizer Weber SP 80 und ein Schneidgerät Weber RSX 200-107. Weitere Merkmale sind eine Rotzler-Seilwinde TR 030/6 (Nennzugkraft 50 kN) und ein GTS-Generator DWG (BL) 30/15-2ZE *(thw)*

Als Botenwagen nutzt die BF Stuttgart diesen GW-Logistik auf VW Caddy TDI. Baujahr: 2009 *(tho)*

**Einen neuen Gerätewagen erhielt die Feuerwehrtechnische Zentrale des Landkreises Wolfenbüttel Anfang 2010. Den VW T5 mit langem Radstand und Flachdach baute Aluca zum Feuerwehrfahrzeug aus. Das Fahrzeug verfügt über eine feste Beladung – unter anderem einen Sprungretter und Atemluftflaschen –, bietet aber auch noch etwas Leerraum für allgemeine Be- und Versorgungsfahrten. Der Common-Rail-Dieselmotor (von VW wie die alten Direkteinspritzer-Diesel wiederum als TDI bezeichnet) leistet 140 PS (103 kW) aus 1968 cm³ Hubraum** *(thw)*

**Für allgemeine Transport- und Nachschubaufgaben nutzt die FF Winterberg (Nordrhein-Westfalen) einen 2009 gelieferten GW-N auf Mercedes-Benz Vario 816 DA mit einem Pritschen-/Ladebord-Aufbau von Ewers (Meschede). Die Notwendigkeit des Allradantriebs ergibt sich aus der Topographie von Winterberg und den daraus folgenden Straßen- und Wegeverhältnissen speziell im Winter** *(kli)*

Die FF Neckartenzlingen (Baden-Württemberg) stellte 2009 diesen Gerätewagen Transport nach Landesvorschrift in Dienst. Neff (Dettenhausen) baute das Fahrzeug unter Verwendung einer MAN-Wittlich-Kabine mit sieben Plätzen und einer Dautel-Ladebordwand (Tragfähigkeit 1500 kg) auf. Fahrgestell: MAN TGL 10.210 4x2 BL mit Schleuderketten *(tho)*

Bei der FF Raunheim (Hessen) wurde 2010 ein GW-L 2 in Dienst genommen, den die Firma Kirchgässner Elektrotechnik GmbH in Binau auf einem Fahrgestell Mercedes-Benz Atego 1226 AF baute. Da die GmbH die Namensrechte der Firma Bachert besitzt, ziert das bekannte Logo den Aufbau. Die Ladebordwand von Bär hat eine Tragfähigkeit von 1500 kg *(mgh)*

**Einen ungenormten GW-Logistik (intern als GW-L2 bezeichnet) erhielt die FF Brehna (Stadt Sandersdorf-Brehna, Landkreis Anhalt-Bitterfeld) im Jahre 2010. Den Aufbau erstellte FA-KA in Zerbst auf MAN TGM 18.290 4x4 BB. Die Ladebordwand vom Typ 1500 K steuerte MBB Palfinger bei** *(thw)*

**Im Normalfall ist der GW-L2 der FF Coesfeld (Nordrhein-Westfalen) auf MAN TGM 13.250 4x4 BB mit Aufbau von Meinicke (2010) als Schlauchwagen 2000 beladen – vier Rollcontainer sowie zwei (!) PFPN 10-1000. Die Entnahme der Gerätschaften erfolgt mittels der MBB-Palfinger-Ladebordwand 1500 KL** *(kli)*

Gimaex-Schmitz lieferte diesen GW-Mess 2009 an die Feuerwehr Herford (Nordrhein-Westfalen). Basis ist ein Mercedes-Benz Sprinter 315 CDI *(mgh)*

Der GW-Mess der FF Neuenrade (Nordrhein-Westfalen) ist 2009 vom Märkischen Kreis in Neuenrade stationiert worden. Mercedes-Benz Sprinter-Fahrgestell 518 CDI KA (Radstand 4325 mm; zGM 5000 kg) mit Ausbau von Gimaex. Das Fahrzeug ermöglicht die Auftragsabarbeitung bei der Stofffeststellung und Messleitung *(kli)*

**Die FF Godshorn (Region Hannover) erhielt 2009 einen neuen Gerätewagen Messtechnik (GW-Mess) auf Mercedes-Benz Sprinter 516 CDI. Noch ungewöhnlich für ein Fahrzeug dieses Typs ist die Ausführung mit Doppelkabine und Kofferaufbau. Zur Beladung zählen sechs Chemikalienschutzanzüge, sechs Atemschutzgeräte, neun Strahlenschutz-Ausrüstungsboxen, vier Dosisleistungsmessgeräte und zwei Mehrgasmessgeräte. Der GW-Mess ist zusammen mit dem ELW der Ortsfeuerwehr Bestandteil des Gefahrgutzuges der Stadt Langenhagen** *(thw)*

**Die FF Euskirchen ließ sich 2009 von Binz diesen GW-Messtechnik auf einem MAN TGL 12.240 4x2 BL aufbauen. Zulässiges Gesamtgewicht: 11 990 kg. Im vorderen Bereich des Kofferaufbaus befindet sich ein Funk- und Messgeräteraum, der hintere Teil dient der Lagerung der Schutzausrüstung und der feuerwehrtechnischen Beladung (unter anderem neun Chemikalienschutzanzüge Form 3)** *(tho)*

**Der Prototyp eines neuen Reaktorerkundungstrupp-KW für Schleswig-Holstein ist im Frühjahr 2010 im Kreis Herzogtum Lauenburg an der Feuerwehrtechnischen Zentrale in Elmenhorst stationiert worden. GSF hat dieses Baukonzept auf einem Mercedes-Benz Sprinter 519 CDI 4x4-Allrad-Kastenwagenfahrgestell mit einem Radstand von 4325 mm realisiert (Automatikgetriebe). Im vorderen Fahrzeugbereich befinden sich Dokumentations- und Kommunikationsarbeitsplätze. Der rückwärtige Geräteraum ist speziell für die Aufnahme von kontaminierten Medien ausgelegt** *(kli)*

**Die BF Magdeburg konnte 2009 ihren neuen Tierrettungswagen in Dienst stellen. Den VW Crafter 35 TDI mit 136-PS-Motor baute die Firma Aluca Car Equipment aus. Das Fahrzeug zeichnet sich unter anderem durch eine konsequente Schwarz-Weiß-Trennung aus. Der GW-Tierrettung ersetzt ein Vorgängerfahrzeug auf der Basis eines umgebauten ehemaligen Rettungswagens** *(thw)*

Die BF Bremen hat 2009 einen GW-A bei der ortsansässigen Firma Pollmann Karosseriebau fertigen lassen (Mercedes-Benz Atego 815 F). Am Heck ist das Fahrzeug mit einer Ladebordwand ausgestattet (MBB-Palfinger 1000 K) *(kli)*

Die FF Brokdorf (Schleswig-Holstein) hat 2010 im Rahmen einer Ersatzbeschaffung einen GW-AS (Mercedes-Benz Sprinter 416 CDI; Radstand 4325 mm) mit Ausbau von GSF übernommen, der zu wesentlichen Anteilen aufgrund entsprechender Auflagen von dem Betreiber des benachbarten Atomkraftwerkes (E.ON) finanziert worden ist *(kli)*

Als Ergänzung zu dem 2002 in Dienst gestellten GW-Versorgung beschaffte die Feuerwehr Hamburg 2009 einen weiteren GW-Versorgung mit kompletter Kücheneinrichtung. Er wurde wiederum von der Firma Wille (Lüneburg) gebaut. Als Fahrgestell wurde ein MAN TGL 8.150 4x2 BB gewählt. Der GW-Versorgung ist bei der FF Eißendorf stationiert *(mgh)*

Die FF Langen (Hessen) nutzt seit Mitte 2010 diesen Nissan Navara als Gerätewagen Versorgung. Die Motorleistung des Vierzylinder-Dieselmotors beträgt 126 kW bei 4000/min *(mgh)*

Die BF Frankfurt hat 2009 ihre technischen Möglichkeiten zur Belüftung und Entrauchung durch die Beschaffung eines GW-Lüfter von Ziegler (Werk Mühlau) auf Mercedes-Benz Atego 1324 L ergänzt. Das Fahrgestell ist luftgefedert, kann somit im Einsatz abgesenkt und mittels Stützen fixiert und stabilisiert werden. Der Mobile Großventilator (Bezeichnung des Herstellers BIG Tempest: MGV S 60) hat eine Luftleistung von etwa 230 000 m³/h und kann auf einer Scherenhubbühne auf eine Höhe von 3 m ausgefahren werden. Das Gerät dient auch zum Erzeugen von Wassernebel (300 l/min) *(kli)*

Die Werkfeuerwehr Volkswagen Nutzfahrzeuge in Hannover konnte Anfang 2009 einen Großventilator MGV 125/100 F von BIG Tempest in Dienst stellen. Als Fahrgestell kommt ein MAN TGL 10.180 4x2 BL zum Einsatz. Aufgrund der besseren Manövriermöglichkeit entschied sich die Feuerwehr gegen eine zunächst ebenfalls diskutierte Lösung auf WLF-Basis. Die Auslieferung des Fahrzeuges erfolgte über Ziegler. Zusätzlich zum Großlüfter auf dem Scherenhublift werden vier weitere Überdruckbelüfter unterschiedlicher Leistung mitgeführt *(thw)*

**Im Rahmen eine Ersatzbeschaffung lieferte Gimaex-Schmitz 2009 einen GW-Wasser auf Mercedes-Benz Atego 926 AFE-Fahrgestell an die BF Münster. Das Fahrzeug zieht im Einsatz auch einen Anhänger mit einem Rettungsboot** *(kli)*

**Der neue GW-Wasser der BF Bremerhaven (Mercedes-Benz Atego 1629 AF) ist 2010 von Ziegler (Werk Mühlau) geliefert worden. Im Aufbau befindet sich unter anderem eine Nasszelle zur Grobreinigung der Taucher sowie eine Standheizung. Der heckseitig angebrachte Ladekran, der auch zum Wassern des mitgeführten Rettungsbootes dient, stammt von Palfinger (PK 9001 EH B). Die Seilwinde (Rotzler TR 030/6) entspricht dem in Feuerwehrfahrzeugen verbauten Standardmodell. Das fest eingebaute Stromerzeuger leistet 23 kVA** *(kli)*

Die Spezialeinsatzgruppe Taucher der BF Hamburg verfügt seit 2009 über ein neues Einsatzfahrzeug, den GW-Taucher. Das Fahrgestell ist ein Mercedes-Benz Atego 1024 L, den Kofferaufbau fertigte Wille (Lüneburg). Der GW-Taucher besitzt eine Heckseilwinde (Zugkraft 30 kN) und einen 13-kVA-Stromerzeuger *(mgh)*

Die 1998 gegründete Höhenrettungsgruppe der BF Wuppertal hat 2010 einen GW-Höhenrettung erhalten, der einen umgebauten RTW aus dem Jahr 1991 ablöst. Die Dortmunder Firma Rose Fahrzeugbau hat einen Mercedes-Benz Sprinter 515 CDI 4x4-Kastenwagen mit Allradantrieb ausgebaut und in einen Mannschaftsraum und einen Geräteraum unterteilt. Aus Gründen des Witterungsschutzes befindet sich auf der rechten Seite eine Markise *(kli)*

## Wechselladerfahrzeuge

Der Trend bei den Wechselladerfahrzeugen geht eindeutig zu dreiachsigen Fahrgestellen – Zweiachser werden kaum noch neu beschafft. Den Markt teilen sich dabei der MAN TGS, der Mercedes-Benz Actros und Scania auf. WLF auf Basis des Mercedes-Benz Econic bleiben (bisher) Exoten.

**Erstmals hat die BF Flensburg 2010 ein neues WLF mit Krananlage (MAN TGS 26.320 6x2-2 BL) in den Fahrzeugbestand aufgenommen, das von der Firma Koepsell Nutzfahrzeuge aus Neumünster konfiguriert worden ist (Multilift-Hakentechnik, Hiab-Krananlage). Die Krananlage (122 B-3 Hiduo) erlaubt bei einer Ausladung von 12,5 m das Heben einer Last von 820 kg. Aufgesattelt ist der auf Basis einer Pritsche gefertigte AB-Technische Hilfe (Sirch, 2007)** *(kli)*

**Das bislang vorletzte WLF der BF Hannover ist im Jahr 2009 beschafft worden (MAN TGS 26.400 6x2-2 LL mit Meiller Hakentechnik, Aufbau Meindl; automatisiertes Schaltgetriebe; zGM 26 000 kg). Der AB-Tunnelrettung ist auf dem an der Feuer- und Rettungswache 1 stationierten Fahrzeug ständig aufgesattelt** *(kli)*

**Bei der Abteilung Derendingen der Feuerwehr Tübingen (Baden-Württemberg) ist dieses WLF auf Basis eines MAN TGS 28.360 6x4-4 BL mit Nachlauflenkachse stationiert. Die Wechselladeeinrichtung stammt von Hiab-Multilift, den Aufbau übernahm die Firma Neff (Dettenhausen). Baujahr: 2010. Aufgesattelt ist der AB-Tank mit 7500 l Wasser und einer fest montierten PFPN 10-1000 (Sirch, Baujahr 2010)** *(tho)*

**Im Sommer 2010 konnte die BF Braunschweig ein weiteres dreiachsiges Wechselladerfahrzeug mit Ladekran in den Einsatzbestand übernehmen. Der MAN TGS 28.360 6x4-4 BL verfügt über eine VDL-Wechselladeeinrichtung S-20-5000, welche von AMF-Fahrzeugbau (Braunschweig) montiert wurde. Zusätzlich ist ein Atlas-Ladekran 120.2E – A3L aufgebaut. Üblicherweise ist der 2004 von ZFT Mühlau gebaute AB-Kran (intern AB-Rüst) aufgesattelt, auf dem außer dem Rettungskorb zusätzliche Anschlagmittel für den FwK 60, zwei Rollplattformen für den Einsatz auf Bahngleisen und Abstützmaterial verlastet sind** *(thw)*

Ihr erstes WLF mit Krananlage (Palfinger PK 20002) überhaupt hat die FF Rendsburg (Schleswig-Holstein) 2010 in Dienst gestellt (MAN TGS 28.360 6x4-4 BL). Als Ersatz für einen ausgesonderten RW 2 erfolgte zunächst die Beschaffung eines AB-Rüst, in dem die Ausrüstung mittels neun Rollcontainern modular verladen ist (GSF, 2010). Am Heck des AB befindet sich eine Ladebordwand *(kli)*

Die BF Duisburg, die bei ihren Wechselladerfahrzeugen bevorzugt auf vierachsige Fahrgestelle setzt, hat 2009 einen weiteren Vierachser in Dienst gestellt. Das neue WLF nutzt einen MAN TGS 41.400 8x8/4 BB mit Einzelbereifung an allen Rädern. Die Wechsellader-Einrichtung stammt von VDL Als Besonderheit ist die Reifendruckregelanlage zu nennen. Dieses WLF wird auch als Fahrschulwagen eingesetzt. Hier mit dem Abrollbehälter Dekontamination, 2006 von Gimaex-Schmitz gebaut *(mgh)*

Das neue Wechselladerfahrzeug der BF Dessau-Roßlau – diese Stadt entstand zum 1. Juli 2007 im Zuge der derzeit letzten Verwaltungsreform in Sachsen-Anhalt – basiert auf einem dreiachsigen Scania P 360 mit 26 000 kg zulässiger Gesamtmasse. Die Wechselladeeinrichtung lieferte Meiller (Baujahr 2010; Typ RK 20.65). Das Bild zeigt das Fahrzeug mit dem AB-Rüst der Firma Stahl- und Containerbau Klötze (Baujahr 2004) *(thw)*

Die BF Krefeld erweiterte 2010 ihre Scania-Flotte (bisher ein RW-Kran und ein GTLF) um ein Wechselladerfahrzeug. Das Fahrgestell ist vom Typ R 380 LB 6x2 4 MNA, die Wechsellader-Einrichtung stammt von Meiller. Den Abrollbehälter Atemschutz/Strahlenschutz baute Schmitz bereits 1993. Er wurde zwischenzeitlich technisch überholt und äußerlich dem üblichen Krefelder Design angepasst *(mgh)*

**Im Jahre 2010 begann bei der Flughafenfeuerwehr Hamburg mit diesem Mercedes-Benz Actros 2541 L (6x2) der Einstieg in die Wechselladertechnik. Die Wechsellader-Einrichtung stammt von Multilift, der Ladekran von Terex (maximale Tragkraft 5390 kg bei 1,90 m Ausladung). Außerdem ist eine Rotzler-Zugvorrichtung mit einer Nennzugkraft von 50 kN eingebaut. Es stehen zurzeit ein AB-Rett (im Bild) und ein AB-Rüst, beide von GSF geliefert, zur Verfügung** *(mgh)*

**Vorrangig zum Transport des AB-Wasserförderung verwendet die BF Hannover ihr 2009 beschafftes Wechselladerfahrzeug auf Mercedes-Benz Actros 4148 AK 8x8/4 (32 000 kg zulässige Gesamtmasse). Die Meiller-Wechselladeeinrichtung vom Typ RK 20.60 baute Meindl Fahrzeugbau (Hameln) auf. Zusätzlich ist ein leistungsfähiger Hiab-Ladekran des Typs XS 244 EP-5 HIPRO montiert. Aufgrund des 8x8-Allradantriebs ist das Fahrzeug zudem besonders für den Einsatz auf schlecht befestigtem Untergrund geeignet** *(thw)*

**Die umfangreiche Wechsellader-Flotte der BF Düsseldorf erfuhr 2009 eine Erweiterung durch ein WLF auf der Basis des Mercedes-Benz Econic 2633 LL mit Wechsellader-Einrichtung von VDL. Nach der FF Waiblingen (2007) ist es erst das zweite Mal, dass ein Econic-Fahrgestell als WLF genutzt wird. Aufgesattelt ist einer der beiden Abrollbehälter Schaum, die Heines bereits 2001 baute** *(mgh)*

**Die FF Kerpen (Nordrhein-Westfalen) schaffte 1999 ihr erstes Wechselladerfahrzeug (auf Fahrgestell Mercedes-Benz Actros) an. 2009 kam ein WLF auf dem Fahrgestell Scania R 240 LB 6x2 4 MNA mit Wechsellader-Einrichtung von Gergen hinzu. Der Abrollbehälter Rüst stammt von Jerg/Ottenbacher** *(mgh)*

## Sonstige Fahrzeuge

Unter diesem Begriff werden alle nicht genormten beziehungsweise nicht in eine bestimmte Kategorie einzuordnenden Feuerwehrfahrzeuge zusammengefasst, zum Beispiel Pkw, Kleinalarmfahrzeuge oder Sonderfahrzeuge von Werkfeuerwehren.

**Im März 2010 erhielt die FF Wiedemar (Sachsen) einen neuen MTW auf Basis des VW T5 GP. Den Ausbau fertigte ein örtliches Autohaus** *(tho)*

**Weschenfelder baute 2009 den MTW der FF Bad Urach (Baden-Württemberg) aus. Fahrgestell: VW Crafter** *(tho)*

**Das Aus- und Fortbildungszentrum der BF Stuttgart nutzt diesen MTW auf Mercedes-Benz Sprinter 315 CDI mit Ausbau der Firma Renninger. Baujahr: 2009** *(tho)*

**Im Jahr 2009 nahm die BF Magdeburg einen neuen PKW für die Abteilung „Abwehrender Brandschutz" in Dienst. Die Wahl fiel auf einen Ford Fiesta mit vier Türen** *(thw)*

Die Berliner Feuerwehr nutzt seit 2009 diesen LKW. Ackermann-Fruehauf baute den Koffer mit einer heckseitigen Dautel-Ladebordwand auf einem MAN TGL 8.180 4x2 BL auf. Zulässiges Gesamtgewicht: 7990 kg *(tho)*

GW-Fahrschule der Rettungsdienstakademie der BF Frankfurt am Main. Das Fahrzeug wurde 2009 auf einem MAN TGX 18.400 4x2 LL aufgebaut *(tho)*

Die BF Darmstadt fügte ihrem Fahrzeugpark 2009 dieses Ölspurwaschfahrzeug (ÖSWF) hinzu. Zur Verwendung kam ein Mitsubishi Fuso Canter mit einer Motorleistung von 132 kW. Die Anlage stammt von der Fachfirma Airmatic Gesellschaft für Umwelt und Technik in Hemer. Der Frischwassertank fasst 2000 l, der Schmutzwassertank 2500 l. Das ÖSWF ist mit Klimaanlage, Überwachungskameras vorn und hinten und Verkehrswarnanlage ausgestattet *(mgh)*

2009 hat die BF Bochum ihren Feuerwehrkran aus dem Jahr 1981 durch einen FwK 70 von Liebherr ersetzt. Der LTM 1070-4.2 ist in der gezeigten abgelasteten Version auf das Heben von Lasten bis 38 t ausgelegt, wobei für das Leistungsprofil eines Krans neben der Last auch die dazu gehörige Ausladung bedeutsam ist (Länge des Teleskopauslegers bis 50 m). Zur feuerwehrspezifischen Zusatzausstattung gehört eine Bergewinde mit einer Zugkraft von 80 kN. An der Fahrzeugfront wird eine 30-t-Lasttraverse mitgeführt *(kli)*

Die beiden neuesten NEF der BF Münster hat GSF 2010 auf Mercedes-Benz ML 300 CDI 4Matic Blueefficiency realisiert. Bereits die Vorgänger der NEF basierten auf der M-Klasse von Mercedes-Benz *(kli)*

Die bisherigen Mercedes-Benz-T-Modelle als NEF sind bei der BF Solingen 2010 durch zwei VW T5 (Automatikgetriebe) mit Binz-Ausbau abgelöst worden. Im Innenraum befindet sich im hinteren Bereich ein weiterer Sitzplatz nebst Schreibtisch mit abgesetzter Vier-Meter-Band-Funksprechstelle. Die Beladung entspricht der DIN 75079 (NEF); zusätzlich befinden sich Materialien für MANV-Einsätze an Bord (Zwei-Meter-Band-Handfunksprechgeräte, Organizermappen, Funktionswesten und Einsatzunterlagen LNA/OrgL) *(kli)*

**Die WF Sasol hat im Sommer 2010 für die 24-Stunden-Wachbereitschaft im Werk Brunsbüttel (Schleswig-Holstein) einen neuen RTW auf MB Sprinter 519 CDI mit einem Kofferaufbau der Firma Fahrtec Systeme erhalten. Auffällig ist die schwefelgelbe Lackierung** *(kli)*

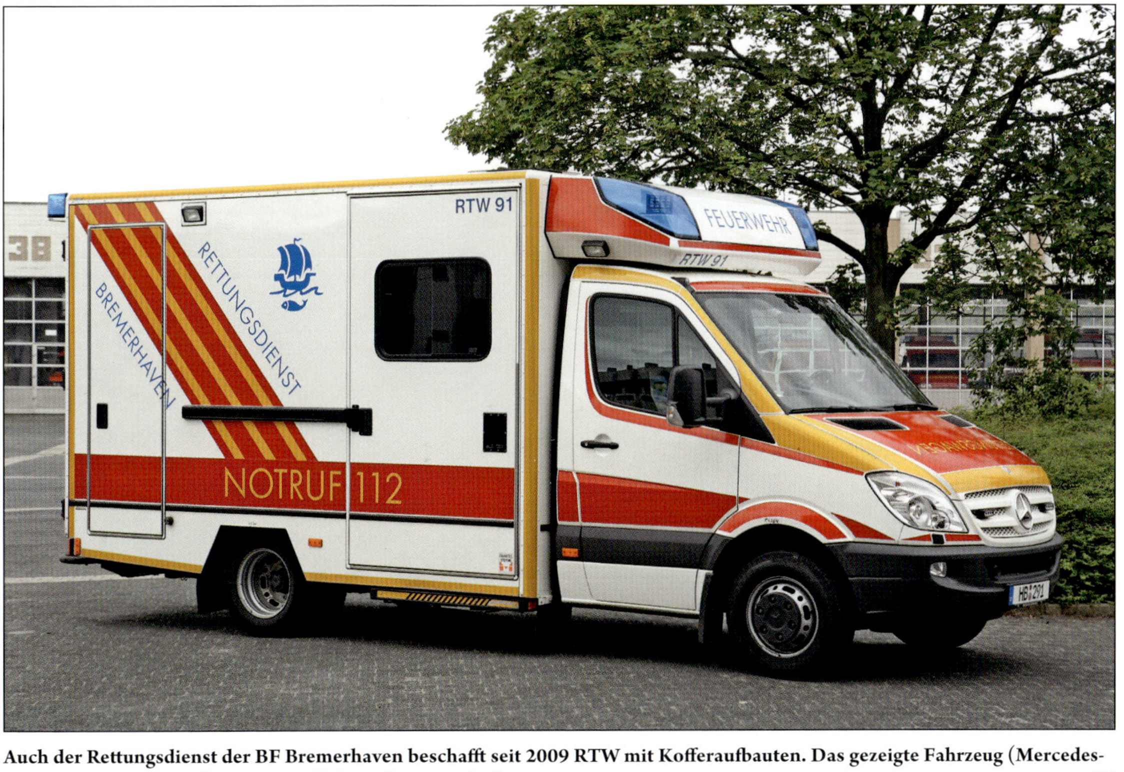


**Auch der Rettungsdienst der BF Bremerhaven beschafft seit 2009 RTW mit Kofferaufbauten. Das gezeigte Fahrzeug (Mercedes-Benz Sprinter 518 CDI) trägt einen Fahrtec Systeme-Aufbau** *(kli)*

**Die Flughafenfeuerwehr Hamburg hat 2009 einen neuen RTW erhalten. Die Firma Fahrtec Systeme baute ihn auf dem Fahrgestell Mercedes-Benz 519 CDI auf** *(mgh)*

**Beim äußeren Design von RTW scheinen die Aufbauhersteller einen Nachholbedarf ausgemacht zu haben. Auch die neue Generation von WAS-Kofferaufbauten mit seitlicher Schiebetür hat ein markantes Äußeres, wobei der Einsatz von LED-Lichttechnik für die optische Sondersignalanlage und die Umfeldbeleuchtung dies fördert. Die BF Solingen hat zwischenzeitlich vier RTW auf den leistungsstarken Mercedes-Benz Sprinter-Fahrgestellen 519 CDI (Radstand 3665 mm) beschafft. Das abgebildete Fahrzeug ist 2010 geliefert worden. Es hat – durchaus Standard für solche Fahrzeuge heute – eine luftgefederte Hinterachse sowie ein Automatikgetriebe** *(kli)*

**Für Inkubatortransporte hält die Feuerwehr Hamburg einen Baby-NAW vor. Das neueste Fahrzeug dieses Typs ist ein Mercedes-Benz Sprinter 516 CDI mit Fahrtec-Aufbau; es wurde 2009 gebaut. Wie die aktuelle RTW-Generation in Hamburg verfügt auch der Baby-NAW über Luftfederung an der Hinterachse und einen Retarder** *(thw)*

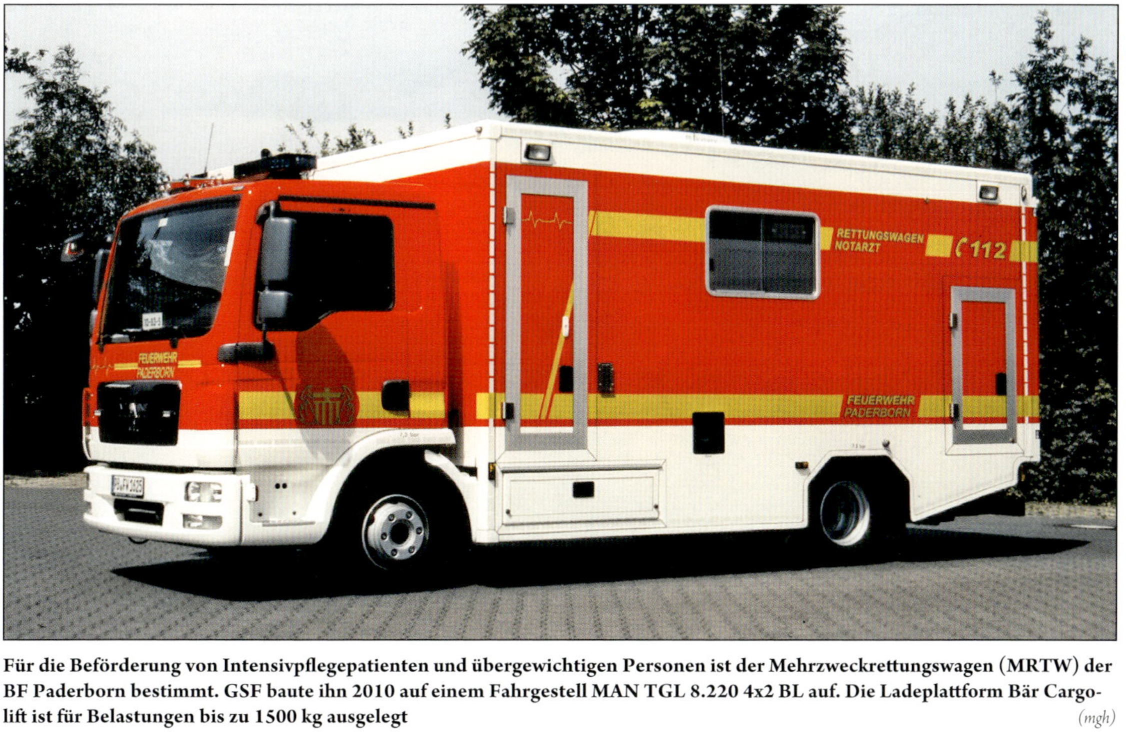


**Für die Beförderung von Intensivpflegepatienten und übergewichtigen Personen ist der Mehrzweckrettungswagen (MRTW) der BF Paderborn bestimmt. GSF baute ihn 2010 auf einem Fahrgestell MAN TGL 8.220 4x2 BL auf. Die Ladeplattform Bär Cargolift ist für Belastungen bis zu 1500 kg ausgelegt** *(mgh)*

## Rehabs

Immer häufiger beschaffen Feuerwehren – und dies gilt nicht nur für betriebliche Feuerwehren – gebrauchte, gut erhaltene oder modernisierte Fahrzeuge oder bauen Fahrzeuge vollständig für neue Einsatzzwecke um. Diese Fahrzeuge werden im Englischen als „Rehab", der Kurzform für „rehabilitation" (Instandsetzung), bezeichnet. Solche meist hochinteressanten und für die Feuerwehren kostengünstigen Lösungen werden nachfolgend vorgestellt. Auch hier gilt, dass die Indienststellung in den vergangenen zwei Jahren vor Redaktionsschluss erfolgt sein muss. Unter dem Begriff „Rehab" werden im Jahrbuch drei verschiedene Formen zusammengefasst:

1) Indienststellung eines zuvor zivilen Fahrzeugs bei einer Feuerwehr nach Umbau;

2) Indienststellung eines gebrauchten, bei einer anderen Feuerwehr ausgemusterten Fahrzeuges bei einer Feuerwehr;

3) Massiver Umbau mit Auswirkungen auf das äußere Erscheinungsbild, den Einsatzwert oder den Einsatzzweck.

**Ein neues Kurierfahrzeug erwarb die BF Braunschweig 2009. Das 2006 gebaute Vorführfahrzeug der Volkswagen AG für einen Diensthundeführerkraftwagen der Polizei baute die Feuerwehr selbst aus. Der silbermetallic lackierte VW Caddy 1,9 TDI mit 105-PS-Dieselmotor wurde in diesem Zusammenhang fast flächendeckend mit roter (RAL 3000) Folie beklebt. Das Fahrzeug verfügt über ein Direktschaltgetriebe, was ihn für den Einsatz im dichten Stadtverkehr prädestiniert**
*(thw)*

**Eine Besonderheit des Braunschweiger Rettungsdienstes ist der Kommandowagen für den Leitenden Notarzt (intern als LNA-NEF bezeichnet). Das Fahrzeug dient dem Transport des Leitenden Notarztes an die Einsatzstelle; unter anderem ist hierin die persönliche Schutzausrüstung sämtlicher LNA der Stadt verlastet. 2009 beschaffte die Feuerwehr einen ehemaligen Funkstreifenwagen (Baujahr 2005, Diesel, 130 PS) und rüstete ihn für den neuen Einsatzzweck um, wozu auch eine weitgehende Anpassung des äußeren Erscheinungsbildes an die Fahrzeuge des Rettungsdienstes Braunschweig gehörte**
*(thw)*

**Die FF Timmern (Landkreis Wolfenbüttel) konnte 2010 ihr neues TSF übernehmen. Thoma montierte einen neuen Gerätekoffer auf ein Fahrgestell des Mercedes-Benz-Typs 311 CDI (903.6) des Baujahres 2000 mit Doppelkabine und nahm auch die weiteren erforderlichen Umbauten vor** *(thw)*

**Eine kostengünstige Lösung fand die FF der Samtgemeinde Meinersen für ihren neuen Schlauchwagen. Ein gut erhaltener ehemaliger DRK-Rettungswagen auf Mercedes-Benz 609 D wurde von der Firma Meyer (Rehden) zum SW 1000 umgebaut. Die Schläuche werden als Rollschläuche zusammengekuppelt in entsprechenden Halterungen an der linken und rechten Fahrzeuginnenseite gelagert, so dass dazwischen noch ein Laderaum zur Verfügung steht. Das Fahrzeug wurde 2009 bei der Ortsfeuerwehr Leiferde stationiert** *(thw)*

**Die FF Wülfrath (Nordrhein-Westfalen) nahm 2009 dieses Wechselladerfahrzeug in Dienst. Es ist auf einem nur ein Jahr alten gebraucht erworbenen Fahrgestell MAN TGS 26.440 6x4/2 mit Palift-Wechsellader-Einrichtung aufgebaut. Aufgesattelt ist eine Mulde, die von der Containerbau GmbH Gerbracht in Fröndenberg gefertigt wurde** *(mgh)*

**Die BF Ratingen (Nordrhein-Westfalen) erwarb ein gebrauchtes Fahrgestell MAN TGA 26.430 6x2/2 BL vom Baujahr 2004 mit Meiller-Wechsellader-Einrichtung und nahm es nach feuerwehrtechnischen Umbauten 2009 in Dienst. Hier mit einem AB-MANV des Katastrophenschutzes NRW, gebaut von Binz im Jahr 2005** *(mgh)*

# Neuheiten international

VL (KdoW), Renault Kangoo, Fw. La Souterraine, Eigenausbau, Baujahr: 2009 *Foto: Jochen Thorns*

**von Jochen Thorns**

Einsatzfahrzeuge anderer Staaten stellen auch für den Kenner der Szene häufig eine „unbekannte Größe" dar. Einerseits sind Aufbaulinie, Beschriftung und Leistungsdaten für deutsche, die Normfahrzeugpalette gewöhnte Feuerwehrleute ungewohnt, andererseits sind Fahrgestell und Aufbauhersteller bekannt. Denn die Internationalisierung der im deutschsprachigen Raum ansässigen Aufbauhersteller setzt sich weiter fort, sodass auch im europäischen Ausland Fahrzeuge dieser Firmen zu finden sind.

Auch in dieser Ausgabe des Jahrbuchs Feuerwehrfahrzeuge bieten wir einen Blick über die Grenzen in die europäischen Nachbarstaaten. Dieser Blick kann natürlich nur subjektiv sein und keinen vollständigen Überblick über die Entwicklungen in Europa bieten.

Besonderer Dank gilt Klaus Fischer, Olaf Huth und Hans-Joachim Profeld (alle Deutschland) sowie Henri de Beul (Belgien) für die Unterstützung.

**FPTSR (HTLF), Renault Midlum 270 dxi, FF Le Grand Bourg, Aufbau: Magirus Camiva, Baujahr: 2010; FPN 15-2000, Löschwasserbehälter: 3500 l, Schaummitteltank: 200 l** *Foto: Jochen Thorns*

FPTSR (HTLF), Renault Midlum 300 dxi, Fw. Morlaix, Aufbau: Gimaex, Baujahr: 2010; FPN 15-2000 (Rosenbauer), Löschwasserbehälter: 2950 l, Schaummitteltank: 150 + 200 l, CDT-Zumischeinrichtung *Foto: Jochen Thorns*

FPT (TLF), Renault Midlum 240dxi, Fw. La Souterraine, Aufbau: Magirus Camiva, Baujahr: 2009; FPN 15-2000, Löschwasserbehälter: 3100 l, Schaummitteltank: 200 l *Foto: Jochen Thorns*

**VTU (KLAF), Renault Master 120 dCi, Fw. La Souterraine, Eigenaufbau, Baujahr: 2009, Indienststellung: 2010** *Foto: Jochen Thorns*

**VSAV (RTW), Renault Master 120 dCi, FF Le Grand Bourg, Ausbau. Picot, Baujahr: 2009** *Foto: Jochen Thorns*

**EPS 25 (DLS (K) 25), MB Atego 1429, Fw. Le Chenit, Aufbau: Gimaex/Feumotech, Baujahr: 2010. Der Kanton Waadt kaufte 2010 drei baugleiche Fahrzeuge mit einem Gimaex-Riffaud-Aufbau des Typs EPS 25 PRX. Die beiden anderen Drehleitern sind bei den Feuerwehren Les Salines und Plaine de l'Orbe stationiert** *Foto: Jochen Thorns*

**KLFA, Iveco Daily 55 S 18 W, FF Unzmarkt, Aufbau: Magirus (Werk Kainbach), Baujahr: 2009. Gruppenkabine 1/8, kein Löschwasserbehälter, keine fest eingebaute Feuerlöschkreiselpumpe** *Foto: Jochen Thorns*

RLFA 2000, Volvo FM 400, FF Fernitz (Steiermark), Aufbau: Magirus (Werk Kainbach), Baujahr: 2009, Normal-/Hochdruckpumpe EFPH 230; Löschmittelbehälter: 2000 l, Schaummitteltank: 200 l. Besonderheiten: Dachwerfer, Lichtmast (4 x 1000 Watt), Seilwinde: Rotzler (50 kN), frontseitig drei Bodensprühdüsen, Gruppenkabine. Es handelt sich um den ersten Volvo mit AluFire 3-Aufbau

*Foto: Hans-Joachim Profeld*

RLF 2000-200, MAN TGM 18.330 4x2 BL, FF Hard (Vorarlberg), Aufbau: Walser, Baujahr: 2010, FPN 10-3000/FPH 40-250 (Jöhstadt); Löschwasserbehälter: 2000 l, Schaummitteltank: 200 l. Besonderheiten: fest eingebauter Generator 15 kVA, Lichtmast 6 x 50 Watt (Xenon), Besatzung: 1/7, in Fahrzeugmitte Hydraulik-Schnellanriffseinrichtung, bestehend aus drei Schlauchhaspeln mit je 50 m Länge

*Foto: Hans-Joachim Profeld*

**LFB-A, MAN 18.340 4x4 BB; FF Höchst (Vorarlberg), Aufbau Rosenbauer, Baujahr: 2010; Standardausrüstung eines LFB (kein Löschwasserbehälter und keine fest eingebaute FP), zusätzlich heckseitiger, mit einer Palfinger-Ladebordwand verschlossener Laderaum mit drei Rollcontainern (davon einer mit TS 16). Besonderheiten: fest eingebauter 30-kVA-Generator, Lichtmast Flexilight (7 x 35 Watt), Gruppenbesatzung** *Foto: Hans-Joachim Profeld*

**LF-A, MB Unimog U 20, FF Brückl/St. Filippen (Kärnten), Aufbau: Nusser, Baujahr: 2010, keine fest eingebaute FP und kein Löschwasserbehälter. Besonderheiten: Besatzung: 1/8, Stromerzeuger 14 kVA; Zugeinrichtung (vom Vorgängerfahrzeug) 50 kN. Es handelt sich um den ersten MB Unimog U 20 als Löschfahrzeug in Österreich!** *Foto: Hans-Joachim Profeld*

**TLF 1500, Renault Midlum 220 dxi, Landesfeuerwehrschule Tirol, Aufbau: Empl, Baujahr 2010, FPN 10-2000, Löschmittelbehälter: 1500 l, Schaummitteltank: 35 l, Gruppenbesatzung** *Foto: Jochen Thorns*

**RF-A (RW), MB Atego 1226 AF, FF Preding (Steiermark). Aufbau: Walser, Baujahr: 2010; fest eingebauter 30-kVA-Generator, Lichtmast (2 x 1500 Watt); Rotzler-Seilwinde 50 kN, Gruppenbesatzung, Oerten-Hochdrucklöschanlage. Im heckseitigen Laderaum absenkbarer Leerbehälter** *Foto: Hans-Joachim Profeld*

**VFA (Versorgungsfahrzeug Allrad); MAN TGM 13.280 4x4 BL, FF Hard (Vorarlberg), Aufbau: Walser, Baujahr 2009. Heckseitiger Laderaum mit sechs Rollcontainern und Ladebordwand „Bär Cargolift". Besonderheiten: Rotzler-Seilwinde 50 kN, Staffelkabine**

*Foto: Hans-Joachim Profeld*

**TF (Transportfahrzeug), Teknocar der Firma Carrosserie Rölli AG, Stans (Schweiz), FF Hötting/Innsbruck, Baujahr: 2009. Längssitze auf der Ladefläche. Einsatzverwendung vorrangig für Waldbrände, Lawineneinsätze etc.**

*Foto: Hans-Joachim Profeld*

**KdoW, VW Tiguan TDI 2,0 4-motion, Beredskabscenter Aalborg, Eigenausbau, Baujahr: 2009**
*Foto: Olaf Huth*

**Akutbil (First Responder), VW Sharan 2.8 V6, Falck Aalborg, Ausbau: Haarby Karosseriefabrik, Baujahr: 2009. Das Fahrzeug wird im gesamten Nordjütland als Reservefahrzeug eingesetzt**
*Foto: Olaf Huth*

**WTLF, MB U 5000, Zivilschutz Luxemburg, Base Nationale de Support Lintgen, Aufbau: Gimaex, Baujahr: 2010; FPN 10-1000, Löschwasserbehälter: 2500 l, Schaummitteltank: 200 l, One-Seven-Druckluftschaumsystem, Frontsprühanlage, Frontwerfer (1800 l/min), Vorbauseilwinde 54 kN**
*Foto: Jochen Thorns*

**KdoW, Volvo C30 1.6 D, Fw. Sint Niklaas, Ausbau: Dias, Baujahr: 2009**
*Foto: Henri De Beul*

**HTLF, MB Atego 1329 AF, Fw. Sint Niklaas, Aufbau: Vanassche, Baujahr: 2009, FPN 10/2000+FPH 40/250 (Ziegler), Löschwasserbehälter: 2500 l, Schaummitteltank: 100 l + 200 l, fest eingebauter 6-kVA-Generator, Lichtmast (3 x 24 V/150 Watt Xenon), hydraulischer Rettungssatz. Erstes Einsatzfahrzeug für Brände oder Hilfeleistungen in die Winterzeit**
*Foto: Henri De Beul*

**HTLF, MB 1329 4x2, Fw. Sint Niklaas, Aufbau: Vanassche, Baujahr: 2010, FPN 10/2000+FPH 40/250 (Ziegler), Löschwasserbehälter: 2500 l, Schaummitteltank: 100 l + 200 l, fest eingebauter 6-kVA-Generator, Lichtmast (3x 24V/150 W Xenon), hydraulischer Rettungssatz**
*Foto: Henri De Beul*

**HTLF, Volvo FL 280, BF Gent, Aufbau: Rosenbauer, Baujahr: 2010, Pumpe: Rosenbauer NH 30 (3000 l/min bei 10 bar), Löschwasserbehälter: 2500 l, Schaummitteltank: 200 l, fest eingebauter 9-kVA-Generator, Lichtmast (3x1000 W), hydraulischer Rettungssatz** *Foto: Henri De Beul*

**GTLF, Iveco Eurocargo ML190EL30 4x2, FF Brasschaat, Aufbau: Fire Technics, Baujahr: 2009, Pumpe: Rosenbauer NH40 (4000 l/min bei 10 bar), Löschwasserbehälter: 8200 l, Schaummitteltank: 200 l, Lichtmast Rosenbauer Flexilight** *Foto: Henri De Beul*

**SLF 12000, Scania G480 CB 6x4, BF Antwerpen, Aufbau: Rosenbauer, Baujahr: 2009, Pumpe: Rosenbauer N100 (8000 l/min bei 10 bar), Löschwasserbehälter: 4000 l, Schaummitteltank: 8000 l, Dachwerfer RM 60C** *Foto: Jochen Thorns*

**Turbo-Löscher, Volvo FM 6x6, WF BASF Antwerpen, Aufbau: Zikun, Baujahr: 2009. Fest eingebauter 17-kVA-Generator, 2800 Liter Kerosin für die beiden Triebwerke des Typs Larzac 04-C6** *Foto: Henri De Beul*

**TM 44 ( F44RLX), Renault Premium 370.26S 6x2D, FF Deinze, Aufbau: Bronto Skylift/Safety Product NV, Indienststellung: 2010**
*Foto: Henri De Beul*

**WLF, MB Actros 2641 L 6x4, Fw. Beveren, Aufbau: Multilift/Vanassche, Baujahr: 2010. Den Abrollbehälter AB-Schlauch (2000 m Schlauch Durchmesser 200 mm) lieferte HFS**
*Foto: Henri De Beul*

**GW-Höhenrettung, MB Sprinter 515 CDI 4x4, BF Antwerpen, Aufbau: Dias, Baujahr: 2010, Lichtmast: (Fireco 4 x Xenon)**

*Foto: Henri De Beul*

**VRW, MB Sprinter 518 CDI, FF Kruibeke, Aufbau: Fire Technics, Baujahr: 2009, Rosenbauer-Höchstdrucklöschsystem, Löschwasserbehälter: 300 l, Schaummitteltank: 25 l, fest eingebauter 5-kVA-Generator, Lichtmast (3 x 1000 W)** *Foto: Henri De Beul*

**RTW, MB Sprinter 315 CDI, BF Antwerpen, Aufbau: Somati/Hospimobil, Indienststellung: 2010** *Foto: Henri De Beul*

**RTW, MB Sprinter 318 CDI, FF Deinze, Aufbau: Autographe, Baujahr: 2009. Das Fahrzeug ist am Krankenhaus St. Vincentius stationiert** *Foto: Henri De Beul*

**VSAT (Straßenrettungsfahrzeug), Mitsubishi Fuso Canter, FF Sul e Sueste (Stadt Barreiro), Aufbau: Luis Figueiredo, Baujahr: 2009, Löschwasserbehälter: 400 l, Besatzung 1+4, Warn-Seilwinde**

*Foto: Klaus Fischer*

**VSAE (Rüst- und Löschfahrzeug), MB Axor 1833 AK, FF Odivelas, Aufbau: Jacinto, Baujahr: 2009, Feuerlöschkreiselpumpe: Baribbi, Löschwasserbehälter: 3000 l, Schaummitteltank: 300 l, Besatzung 1+5, Warn-Seilwinde CEM 12000 vorne wie hinten eingebaut, Lichtmast**

*Foto: Klaus Fischer*

**VLCI (leichtes Löschfahrzeug), MB Sprinter 519 CDI 4x4, BF Setubal, Aufbau: Jacinto, Baujahr: 2009, Pumpe: Hale CBP4, Wassertank: 500 l, Besatzung 1+5, Warn-Seilwinde 54 kN**

*Foto: Klaus Fischer*

# Dampfautomobile –

## eine fast vergessene Entwicklung bei der Feuerwehr

**von Manfred Gihl**

Es war ein gewaltiger technischer Fortschritt, als die Dampfmaschine um 1830 zum Antrieb von Pumpen für Feuerlöschzwecke angewandt wurde und damit den Handbetrieb abzulösen begann. Begonnen hatte die Nutzung des Dampfantriebs bei Entwässerungspumpen im englischen Bergbau bereits um 1780. Nachdem der Dampfantrieb der Feuerwehrpumpen sich als zuverlässig erwies, lag der Gedanke nicht fern, ihn auch zur Fortbewegung von Fahrzeugen der Feuerwehr anzuwenden. So abwegig war die Idee keinesfalls, weil sich der Verbrennungsmotor Ende des 19. Jahrhunderts noch in der Entwicklungsphase befand. Auf Europas Straßen, namentlich in Frankreich und England, fuhren schon zahlreiche Dampf-Lastwagen und Dampf-Omnibusse. Weitgehend in Vergessenheit geraten ist, dass die Henschel & Sohn AG in Kassel noch von 1930 bis 1937 dampfautomobile Busse (nach amerikanischen Lizenzen) produzierte. Sie waren unter anderem in Elberfeld, einer Stadt mit vielen Steigungen, im täglichen Liniendienst erfolgreich im Betrieb.

Während in Nordamerika bereits 1841 die erste dampfautomobile Dampfspritze (von Paul Rapsey Hodge) konstruiert worden war, dauerte es noch 60 Jahre, bis es in Deutschland soweit war. Die bedeutendsten deutschen Dampfspritzenhersteller, die Wagenbauanstalt vorm. W. C. F. Busch in Bautzen („Busch-Bautzen“) und C. D. Magirus (Ulm), haben auch eine Anzahl von dampfautomobilen Dampfspritzen gebaut, die meisten hat Busch produziert. Von Busch-Bautzen sind von 1902 bis 1911 bei deutschen Feuerwehren 13 dampfautomobile Dampfspritzen nachweisbar (Hannover, Leipzig, Dresden, Chemnitz, Gelsenkirchen, Hamburg, Magdeburg, WF Krupp/Essen, Schöneberg, Bonn, Bremen, Dortmund, WF Bayer/Leverkusen). Zählt man die von ausländischen Feuerwehren (zum Beispiel Basel, Amsterdam) bestellten Dampfspritzen hinzu, so dürfte die Gesamtproduktion fast zwei Dutzend betragen haben. Die letzte dampfautomobile Dampfspritze wurde 1914 gebaut und diente bei der eigenen

**Damals eine kleine Sensation: die erste deutsche dampfautomobile Dampfspritze, am 19. Februar 1902 bei der BF Hannover in Dienst gestellt**

Foto: Archiv Gihl

Betriebsfeuerwehr. Sie blieb bis heute (als einzige deutsche) erhalten und steht jetzt im Museumsgebäude der Technischen Sammlungen der Stadt Dresden.

Im ersten automobilen Drei-Fahrzeug-Löschzug der Welt, den der Hannoveraner Branddirektor Reichel am 19. Februar 1902 in Dienst nahm, fuhr eine dampfautomobile Dampfspritze von Busch-Bautzen mit. Es war der erste deutsche „Selbstfahrer". Eine Zwillings-Dampfmaschine mit einer Leistung von etwa 10 PS trieb die Hinterräder über Ketten und Zahnräder an. Das Kesselwasser hielt man mithilfe eines Gasbrenners ständig auf etwa 100 Grad, das sofortige Ausrücken im Alarmfall wurde durch Zylindereinblasung von Kohlensäure bewirkt, die in drei Flaschen mitgeführt wurde.

1904 nahm die Feuerwehr Köln eine dampfautomobile Dampfspritze sowie eine Drehleiter von Magirus in Dienst. Der Fahrantrieb wurde 1910 auf Elektroantrieb umgestellt. Die Werkfeuerwehr Krupp in Essen besaß seit 1908 ebenfalls eine dampfautomobile Drehleiter von Magirus.

C. D. Magirus in Ulm hat von 1903 bis 1907 sieben dampfautomobile Dampfspritzen für deutsche Feuerwehren gebaut, nämlich für Köln, München (2 Stück), WF Krupp (Essen), Straßburg (2 Stück) und Mannheim. Die erste Münchner Dampfspritze verunglückte 1905 auf einer Probefahrt schwer, wobei Brandmeister Dipl.-Ing. Pfündl ums Leben kam. Als Ersatz wurde 1905 eine weitere Magirus-Dampfspritze gekauft.

Die Maschinenbaufirma E.C. Flader im sächsischen Jöhstadt lieferte 1905 eine dampfautomobile Dampfspritze besonderer Bauart an die Feuerwehr Kiel. Die Firma hatte sich eine ungewöhnliche Antriebskonstruktion ausgedacht. Nicht wie bei der Konkurrenz erfolgte der Radantrieb von einer Dampfmaschine über Ketten oder Kurbeltriebe, sondern zwei Dampfmaschinchen saßen direkt in den Vorderrädern. Die Kolbenpumpe wurde durch eine dreizylindrige Dampfmaschine angetrieben. Obwohl hier Fahr- und Pumpenbetrieb antriebsseitig völlig getrennt waren, bewährte sich auch dieser Selbstfahrer nicht. Nach zweijähriger Erprobung wurde er daher auf Bespannung umgebaut.

Wenngleich die ersten Dampfautomobile noch wie bespannte Feuerwehrwagen aussahen, bei denen lediglich die Deichsel entfallen war, so handelt es sich doch um „Kraftfahrzeuge". Der Kutschbock war zum Fahrbedienungsstand geworden.

Die Feuerlöschgeräte- und Maschinenfabrik Justus Christian Braun in Nürnberg hat nur eine einzige dampfautomobile Dampfspritze gebaut. Die an die Feuerwehr Biebrich bei Wiesbaden 1904 gelieferte Dampfspritze besaß ein dreirädriges Untergestell. Die Dampfmaschine war im Vorderrad eingebaut. Bei einer Fahrt im Jahre 1910 kippte sie in einer Kurve um. Daraufhin wurde sie auf Bespannung und Vierradbetrieb umgerüstet.

Als Fahrantrieb für Fahrzeuge der Feuerwehr konnte sich der Dampfantrieb aus mehreren Gründen weder in Deutschland noch in Amerika durchsetzen. Der Leistungsbedarf beim Fahren und Pumpen war naturgemäß sehr unterschiedlich und konnte mit einer einzigen Dampfmaschine als Kraftquelle nicht befriedigend geregelt werden. Das hohe Eigengewicht von vier bis fünf Tonnen belastete die Vorderräder erheblich und erschwerten die Lenkbarkeit. Nicht zuletzt waren der verursachte Lärm und die Rauchentwicklung alles andere als umweltfreundlich, was aber damals keine Rolle spielte.

Als schließlich im Elektro- und im Benzinmotor eine einfachere Antriebstechnik zur Verfügung stand, setzte man vielfach die vorhandenen, einst mit hohem finanziellen Aufwand beschafften Dampfspritzen auf Automobilfahrgestelle um. Beispielsweise lieferte Koebe (Luckenwalde) für die Feuerwehren Düsseldorf und Bremen Dampfspritzen auf batterie-elektrischen Fahrgestellen der Namag.

Flader verkaufte 1908 an die Feuerwehr Wilmersdorf eine Dampfspritze auf einem Scheele-Fahrgestell und 1909 an die Feuerwehr Krefeld auf einem Namag-Chassis, beide mit batterie-elektrischem Antrieb ausgestattet.

Als „Löschwasserlieferant" und „mobile Pumpenstation" blieben die Dampfspritzen allerdings noch jahrzehntelang im Einsatzbetrieb, im Einzelfall sogar bis zum Zweiten Weltkrieg! Sie verrichteten ihren Dienst zuverlässig und unbegrenzt lange, solange der Maschinist den erforderlichen Dampfdruck konstant hielt. Und die Förderleistungen bis zu 2000 Liter je Minute (im Einzelfall sogar bis 5000 Liter je Minute!) brauchen keinen Vergleich mit modernen Feuerwehrpumpen zu scheuen.

Wenn auch der dampfautomobile Straßenantrieb den Feuerwehren nur vereinzelt und kurzzeitig diente, sollen die Ingenieurleistungen der Dampfmaschinenpioniere nicht vergessen sein.

**Dampfautomobile Dampfspritze der Feuerwehr Dresden, 1904 von Busch-Bautzen gebaut. Die Ableitung von den üblichen bespannten Dampfspritzen ist unverkennbar** Foto: Archiv Gihl

**Dampfautomobile Dampfspritze der Feuerwehr Chemnitz, 1904 von Busch-Bautzen gebaut. Unter dem Fahrstand ist eine Schlauchhaspel angebracht** Foto: Archiv Gihl

**Dampfautomobile Dampfspritze der Feuerwehr Magdeburg, 1905 von Busch-Bautzen gebaut. Am Heck sind die Kohlensäureflaschen gehaltert, deren Inhalt als Starthilfe in die Zylinder eingeblasen wurde** Foto: Stadtarchiv Magdeburg

**Auch die BF Hamburg hatte kurzzeitig eine dampfautomobile Dampfspritze im Einsatzdienst. Sie war 1905 von Busch-Bautzen gebaut worden, bewährte sich jedoch nicht und wurde nach zwei Jahren ausgesondert** Foto: Archiv Feuerwehr Hamburg

**Dampfautomobile Dampfspritze von Busch-Bautzen, Baujahr und Käufer unbekannt, wahrscheinlich handelt es sich um ein Vorführmodell (Prototyp). Auffällig ist der lange Radstand** Foto: Archiv Gihl

**Magirus lieferte 1903 diese dampfautomobile Dampfspritze an die BF Köln** Foto: Archiv Magirus

**Auch die Magirus Drehleiter von 1905 (22 + 2 m Steighöhe) der BF Köln besaß einen dampfautomobilen Antrieb. Der Leiterantrieb erfolgte durch separate Dampfmaschinen**
Foto: Archiv Magirus

**Die BF München beschaffte 1904 eine dampfautomobile Dampfspritze. Auf einer Probefahrt verunglückte sie 1905 schwer, wobei ein Brandmeister ums Leben kam**
Foto: Archiv Magirus

**Dampfautomobile Dampfspritze der Werkfeuerwehr Krupp in Essen, gebaut 1905 von Magirus. Sie führte auch Hakenleitern mit. Vorn ist eine Schlauchhaspel angebracht** Foto: Archiv Feuerwehr Hamburg

**Dampfautomobile Dampfspritze der Feuerwehr Mannheim, gebaut 1907 von Magirus** Foto: Archiv Magirus

**Dampfautomobile Dampfspritze der Feuerwehr Straßburg, gebaut 1907 von Magirus** Foto: Archiv Magirus

**Ein Unikum: die dreirädrige dampfautomobile Dampfspritze der Feuerwehr Biebrich, 1904 von Braun gebaut. Der Dampfmotor für den Antrieb war in das Vorderrad eingebaut** Foto: Archiv Gihl

**E. C. Flader in Jöhstadt baute 1905 für die BF Kiel diese dampfautomobile Dampfspritze. Einzigartig war der Einbau zweier kleiner Dampfmaschinen in die Vorderräder. Wegen Nichtbewährung wurde zwei Jahre später auf Bespannung umgestellt**

**Diese dampfautomobile Dampfspritze der WF Farbwerke Leverkusen sah wegen ihres Vorbaus schon eher wie ein „richtiges" Automobil aus. Busch-Bautzen baute sie 1911** Foto: Archiv Bayer AG

**1914 baute die Firma Busch-Bautzen unter der Fabrikationsnummer 660 ihr letztes Dampfautomobil. Es ist erfreulicherweise bis heute erhalten geblieben. Das Foto zeigt sie bei einer Jubiläumsveranstaltung des VEB Waggonbau in Bautzen im November 1996, der Nachfolgefirma des traditionsreichen Werks, anlässlich des 150-jährigen Firmenjubiläums** Foto: Nitschmann

**Wie unverwüstlich und robust die Dampfautomobile im Grunde waren, zeigt diese Aufnahme der Dampfspritze von Busch-Bautzen, die 1905 an die Feuerwehr Basel geliefert worden war: hier bei einem Festumzug beim 75-jährigen Bestehens der Feuerwehr Zürich am 7. September 1997** Foto: Christiansen

# Interschutz 2010

Magirus präsentierte die DLK 60 CS auf einem Trakker-Fahrgestell. Intern wird die Drehleiter als „M 60 L“ bezeichnet

von Jochen Thorns

Die Interschutz war die große Feuerwehrfahrzeugschau. Zahlreiche Neuerungen feierten Premiere, auch wenn die ganz großen Überraschungen ausblieben. Interessant war allerdings die Internationalität der Aussteller und die Entwicklungen bei den Flughafenlösch- und den Hubrettungsfahrzeugen. In allen anderen Bereichen gab es Weiterentwicklungen und Optimierungen im Kleinen.

## Neuerungen bei den Hubrettungsfahrzeugen

Magirus wie Metz proklamierten jeweils für sich, die Drehleiter mit der höchsten Arbeitshöhe im Angebot zu haben.

Magirus stellte bei der Messe die neue 60-Meter-Drehleiter mit der neuen Bezeichnung „M 60 L“ (Magirus, 60 Meter Einsatzhöhe, Ladder) vor. Das Fahrzeug mit einem sechsteiligen Leitersatz und Drei-Personen-Rettungskorb sowie Aufzug war auf einem Iveco Trakker 360 aufgebaut. Wie alle Magirus-Drehleitern verfügt auch diese höchste Drehleiter der Unternehmensgeschichte über die aktive CS-Schwingungsdämpfung.

Metz Aerials zeigte hingegen die auf Basis der bisherigen L53 und der L32 entwickelte L56 mit 56 Metern Arbeitshöhe. Das Fahrzeug war auf einem Mercedes-Benz Actros 2640 für den Zivilschutz Saudi-Arabien aufgebaut worden. Wie Magirus bietet auch Metz den Drei-Personen-Rettungskorb sowie einen Aufzug bei diesem Leitertyp mit einem sechsteiligen Leitersatz an. Metz Aerials teilte jedoch mit, dass die Drehleiter auch als L62 mit 61,5 Metern Arbeitshöhe angeboten werden könnte; ein Fahrzeug war jedoch nicht ausgestellt. Dennoch: Wenn Metz Aerials die L62 tatsächlich produziert, dann würde das Unternehmen an alte Traditionen anknüpfen: Bereits 1957 lieferte Metz eine DL 60+2 (Meter Handausschub) nach China, elf Jahre später in die damalige Sowjetunion.

Ebenfalls in der 50-Meter-Klasse zeigte der koreanische Hersteller Everdigm die DL 53. Aufgebaut auf einem 6x4-Chassis ist die Drehleiter allerdings nicht wettbewerbsfähig zu den deutschen Marktführern. Das Unternehmen baut zudem noch Drehleitern mit 33 und 46 Metern Steighöhen sowie Teleskopmastbühnen zwischen 29 und 48 Metern Arbeitshöhe.

Die eigentliche Drehleiter-Innovation ist die „M 32 L-AS“ (Magirus, Arbeitshöhe 32 Meter, Ladder, Articulated, Single Extension) wie die neue Gelenkdrehleiter bei Magirus nun heißt. Die neue Gelenkdrehleiter verfügt nun nur noch über einen vierteiligen Leitersatz anstelle des fünfteiligen Leitersatzes. Das oberste Leiterteil wird dabei mit einem zum Patent angemeldeten Einzelauszugssystem zu-

Bei der neuen Magirus-Gelenkdrehleiter wird zuerst das oberste (hier rote) Leiterteil komplett ausgezogen und kann abgewinkelt werden. Der Leitersatz ist nur noch vier- statt fünfteilig

**Gimaex präsentierte eine neue DLA (K) 23/12 auf einem Mercedes-Benz 1529 F**

**Metz Aerials bietet die DLA (K) 23/12 in der Gelenkausführung (L 32 A) auf dem Mercedes-Benz Econic als 16-Tonnen-Variante an**

erst komplett ausgezogen und nicht wie bisher alle Leiterteile flaschenzugartig gleichzeitig. Das Gelenkteil ist nun in das oberste der vier Leiterteile integriert. Vorteil sind eine Reduzierung des Fahrzeuggesamtgewichts gegenüber der bisherigen Gelenkdrehleiter um rund 250 Kilogramm sowie – und dies ist gerade im Hinblick auf eine zusätzliche Gerätelagerung am Drehgetriebe bei Einhaltung der Hinterachslast von zehn Tonnen wichtig – eine Entlastung der Hinterachse um mehr als 550 Kilogramm.

Durch die Verwendung des vierteiligen Gelenkleitersatzes mit einem 4,70 Meter langen Gelenkteil kann eine Einsatzhöhe von 32 Metern erreicht werden; die Verwendung des Teleskopauszuges im Gelenkteil ist nicht mehr nötig. Außerdem ist das Einzelauszugssystem die Basis für ein Modulsystem, das auch Gelenkdrehleitern mit höherer Steighöhe ermöglicht. Die Stadt Riga (Lettland) hat vor wenigen Wochen den Auftrag für eine 35-Meter-Gelenkdrehleiter erteilt. Eine Gelenkdrehleiter der 40-Meter-Klasse befindet sich nach Firmenangaben in Planung.

Die neue Gelenkdrehleiter wird noch in diesem Jahr kurzfristig in die Serienproduktion übernommen werden; die Produktion der bisherigen Gelenkarmtechnologie soll bis auf Weiteres fortgeführt werden.

Interessant ist in diesem Zusammenhang, dass auch die japanische Firma Morita eine 32-Meter-Gelenkdrehleiter „Super Gyro Ladder MLLAH5-30W" zeigte. Das auf einem Dreiachsfahrgestell aufgebaute Fahrzeug hat ein Gesamtgewicht von etwa 20 000 Kilogramm. Der Rettungskorb ist für drei Personen, der auf den Obergurten des Leitersatzes installierte Fahrstuhl für zwei Personen ausgelegt. Der im Rettungskorb fest installierte Werfer hat einen Durchfluss von bis zu 3000 l/min.

Metz Aerials hat erstmals die Gelenkdrehleiter L 32 A auf einem Fahrgestell des Typs Mercedes-Benz Econic mit einem zulässigen Gesamtgewicht von 16 000 Kilogramm realisiert. Durch eine intelligente Bauweise und GFK-Formteile sei es gelungen, die Normbeladung einer DLA (K) 23/12 zu verlasten, ohne das Gesamtgewicht zu überschreiten. Die Gesamthöhe des Fahrzeugs beträgt lediglich 3100 Millimeter.

Gimaex stellte während der Interschutz den Prototypen einer weiterentwickelten DLA (K) 23/12 mit einer kompakten Bauweise und einem neuen Design vor. Wie bei Gimaex üblich, gibt es keinen Überhang beim Drehgetriebe. Durch eine patentierte Niveauregulierung sind nach Firmenangaben kurze Rüstzeiten von 85 Sekunden, auch bei Steigungen bis 15 Grad, möglich. Die Drehleitern werden beim zum Gimaex-Konzern gehörenden französischen Unternehmen Riffaud gefertigt. Laut Gimaex konnten jüngst zwei Drehleitern in Deutschland verkauft werden: Die Feuerwehr Marburg (Hessen) erhält eine DLA (K) 18/12, und eine DLA (K) 12/9 geht an die Freiwillige Feuerwehr der Insel Helgoland.

Sowohl Metz Aerials als auch Magirus stellten neue Rettungskörbe für vier Personen vor. Während der neue Rettungskorb von Metz für eine Nutzlast von 450 Kilogramm (vier Personen + 40 Kilogramm Reserve + 50 Kilogramm Schwenkbare Krankentragenlagerung – SKL) ausgelegt ist, bietet der Magirus-Rettungskorb eine Nutzlast von 400 Kilogramm (vier Personen + 40 Kilogramm Reserve). Die neue SKL am Metz-Rettungskorb ist mittig an der Front montiert und kann die Tragenlagerung zur besseren, ergonomischen Entnahme nach unten schwenken. Durch die hohe Nutzlast des Metz-Rettungskorbes kann nun über die SKL eine Person mit einem Gewicht von bis zu 250 Kilogramm transportiert werden. Gleichzeitig können noch zwei Personen (zum Beispiel Feuerwehrangehöriger und Notarzt) im Rettungskorb mitfahren. Der neue Metz-Rettungskorb hat Starklicht-LED zur Ausleuchtung der Einsatzstelle im Korbboden sowie Scheinwerfer an der Korbfront, die ebenfalls in LED-Technik erhältlich sind. Darüber hinaus sind die Fronteinstiege im Hüftbereich zum besseren Einstieg ausgeweitet worden. Der Rettungskorb verfügt zudem über eigene Halterungen zum Aufstecken von 1000-Watt-Flutlichtscheinwerfern, für den Feuerwehr-Haltegurt und zum Befestigen von ferngesteuerten Werfern wie dem neuen Rosenbauer „RM 15 C". Beide Rettungskörbe bieten die entsprechende Fläche für vier Personen und können – sowohl bei Metz als auch bei Magirus – an allen 30-Meter-Drehleitern (Standard sowie Gelenkdrehleiter) montiert werden.

Für den Löschmitteleinsatz in großer Höhe ist die „L 39-P" von Metz vorgesehen, wobei das „P" für Pumpe steht. Die auf einem Mercedes-Benz Actros 1841 aufgebaute Drehleiter mit einer Arbeitshöhe von rund 40 Metern verfügt über eine fest eingebaute Feuerlöschkreiselpumpe N 55 (Fördermenge bis zu 4000 l/min), eine feste Wasserzuleistung im Leitersatz („Telescopic Waterway System"), einen an der Leiterspitze montierten Akron-Werfer sowie „Sky CAFS"-Anlage zur Erzeugung von Druckluftschaum. Die Anlage kann Höhen bis zu 400 Meter überwinden, wie bei einem Versuch im Jahr 2009 nachgewiesen wurde.

Bronto Skylift hat einen neuen „Höhenweltrekord" bei den Teleskopmastbühnen aufgestellt: Die neue „F 112 HLA" hat eine Rettungshöhe von 112 Metern und eine seitliche Reichweite von 32 Metern. Das Fahrzeug mit einem Gesamtgewicht von 77 Tonnen verfügt über einen Rettungskorb mit einer Traglast von 500 Kilogramm. Doch auch bei den Standardfahrzeugen hat Bronto Skylift Neues zu bieten: Die Baureihe „TLK 23-12" mit 32 Metern Rettungshöhe erhielt ein neues Design. Gleich zwei Teleskopmastbühnen des Typs „F 46 RPX" gingen nach der Messe an die Berufsfeuerwehr Leipzig, aufgebaut auf Fahrgestellen des Typs Mercedes-Benz Econic. Die Fahrzeuge verfügen über einen vergrößerten Korbeinstieg an der Frontseite zur Rettung adipöser Patienten, einen Rettungsschlauch für Massenrettungen und stationäre Pulverlöschleitungen, um aus dem Korb einen kombinierten Einsatz von Wasser und Pulver vornehmen zu können.

Zurück im Markt der Teleskopmastbühnen ist Magirus mit der „M 33 P". Zusammen mit dem Hubarbeitsbühnenspezialisten Ruthmann entwickelte das Ulmer Unternehmen eine moderne Teleskopmastbühne der 30-Meter-Klasse. Während Magirus die an die Drehleiter angelehnte Steuerung und die Feuerwehrtechnik inklusive Aufbau beisteuert, liefert Ruthmann den Drehkranz, den Teleskopausleger, die Pneumatik und die Abstützung. Der Mast setzt sich aus einem dreiteiligen Hauptausleger und einem zweiteiligen Teleskop-Gelenkarm zusammen. Zusätzlich ist eine seitliche Aluminiumleiter vorhanden. Wesentliches Merkmal der neuen Baureihe sei das neue Hydrauliksystem, das deutlich höhere Bewegungsgeschwindigkeiten und große Ausladungswerte zulasse, hieß es. Die Einsatzhöhe beträgt maximal 32,5 Meter, die Ausladung 26,2 Meter. Eine heckseitige Wassereinspeisung mit fester Verrohrung bis zum Korb bietet einen Durchfluss von bis zu 4000 l/min, angepasst auf den fest am Korb montierten Werfer. Der Korb selbst hat eine Nutzlast von 500 Kilogramm und bietet die Variabilität der Drehleiter-Rettungskörbe mit Multifunktionssäulen. Die Baureihe ist auf ein 18-Tonnen-Fahrgestell ausgelegt. Allerdings ist

**Zusammen mit Ruthmann hat Magirus eine neue Baureihe der Teleskopmastbühnen, hier die Version mit 32 Metern Arbeitshöhe, entwickelt. Die neue Magirus-Bezeichnung lautet „M 33 P"**

die Konzeption nach Firmenangaben bereits so ausgelegt worden, dass in Zukunft Fahrzeuge mit Rettungshöhen bis zu 100 Metern gebaut werden könnten. Man darf also gespannt sein!

Metz zeigte die bewährte und mehr als 100-mal verkaufte Teleskopmastbühne „B 32" erstmals auf einem Scania Low Entry. Das Fahrzeug hat eine Gesamthöhe von 3400 Millimetern. Flacher geht es nur noch mit dem Mercedes-Benz Econic 1833 LL, der laut Metz auf eine Fahrzeughöhe von nur 3180 Millimetern kommt. Die „B 32“ verfügt über einen Rettungskorb mit einer Nutzlast von 600 Kilogramm.

Eine Überarbeitung erfuhr auch das Kombinationsfahrzeug „MultiStar“ von Magirus, das nun in vier Basisversionen „Fire“ (Tanklöschfahrzeug), „Rescue“ (Rüstwagen), „LowLiner“ (Tanklöschfahrzeug, Version Großbritannien) und „Industrial“ (Sonderausstattung für Werkfeuerwehren) angeboten wird. Das Fahrzeug verfügt nun über den AluFire-3-Aufbau inklusive der entsprechenden Steuerung. Neu sind unter anderem ein überarbeiteter Aluminium-Hubarbeitssatz, die Übernahme der Drehleiter-Bedienphilosophie, die Korbsteuerung nun mit 24 anstelle von 230 Volt, ein reduzierter Bodendruck durch größere Abstützteller und ein neues, zweistufiges Sicherheitskonzept (Drei-Personen-Ausladungsgrenze und parallele Messung des Bodendrucks an den Abstützungen).

## StLF 10/6 auch in Allrad

Viele, auch kleinere, Hersteller boten das Staffellöschfahrzeug StLF 10/6 an: Neben den bekannten Herstellern stellten auch Thoma (auf Iveco Magirus 80 E 18), Meinicke (MAN TGL 12.240) und die Marke Bachert des Unternehmens Kirchgässner (auf MAN TGL 8.180) entsprechende Fahrzeuge vor. Besonders zu erwähnen ist hierbei das StLF 10/6 auf einem allradangetriebenen Mercedes-Benz Vario 818 DA mit einem zulässigen Gesamtgewicht von 7490 Kilogramm. Ziegler hat das Fahrzeug mit einem Alpas-Aufbau versehen, der nicht nur die Normbeladung, die über einen Nebenabtrieb angetriebene Feuerlöschkreiselpumpe FPN 10-1000 und den 800-Liter-Löschwasserbehälter, sondern auch noch eine umfangreiche Zusatzbeladung aufnimmt. Zwei Pressluftatmer konnten in einer Rucksacklösung im Mannschaftsraum gelagert werden.

**Das zweite StLF 10/6 für die FF Obermaiselstein zeigte Lentner. Fahrgestell: Bremach T-Tex 60**

**Interessantes LFB-A (Löschfahrzeug mit Bergeausrüstung, Allrad) von Rosenbauer. Als Basis wurde ein Mercedes-Benz Sprinter 718 CDI genutzt, der von Oberaigner auf 6x6-Antrieb umgebaut wurde**

Lentner zeigte ein StLF 10/6 mit Logistikkomponente auf einem hochgeländegängigen Bremach T-Rex. Es handelt sich hierbei um das zweite, baugleiche Fahrzeuge der Freiwilligen Feuerwehr Obermaiselstein (Bayern). Ein drittes solches Fahrzeug ist laut Lentner bereits für die Feuerwehr Partenkirchen (Bayern) im Bau.

Interessant ist auch das StLF 10/6 von Magirus, aufgebaut auf einem Iveco Daily 65 C 17 mit einem zulässigen Gesamtgewicht von sieben Tonnen. Das Fahrzeug verfügt über einen so genannten Integrale-Aufbau mit in den Aufbau integriertem Mannschaftsraum. Alternativ bietet Magirus bei der üblichen Doppelkabine nun auch eine Rucksacklösung für die Lagerung von zwei Pressluftatmern im Mannschaftsraum an. Durch die Gesamtgewichtserhöhung auf 7000 Kilogramm bietet der Daily nun eine maximale Nutzlast von 4,7 Tonnen – und damit mehr als viele Frontlenkerfahrgestelle. Den Iveco Daily gibt es auch in einer Allradvariante – mit einem zulässigen Gesamtgewicht als StLF 10/6 < 7500 Kilogramm. Das allradangetriebene TSF-W sei nach Firmenangaben sogar innerhalb des nach Norm zulässigen Gesamtgewichts von 6300 Kilogramm darstellbar.

Eine ungewöhnliche Fahrgestelllösung am Beispiel eines LFB-A (Löschfahrzeug mit Bergeausrüstung, Allrad) nach Österreichischer Norm zeigte Rosenbauer: einen durch Oberaigner umgebauten Mercedes-Benz Sprinter 718 CDI. Das Fahrzeug mit einem Gesamtgewicht von 7000 Kilogramm verfügt nach dem Umbau über drei angetriebene Achsen. Der in den CL-Aufbau integrierte Mannschaftsraum bietet einer Gruppe Platz. Im Aufbau selbst findet neben einer umfangreichen Beladung inklusive Tragkraftspritze auch noch ein Hilfeleistungssatz Platz.

## Neue Löschfahrzeug-Konzepte

Anknüpfend an das StLF 10/6 der Feuerwehr Obermaiselstein baute Lentner ein Löschgruppenfahrzeug LF 20/16 auf. Die Besonderheit: Am Heck befindet sich eine Sörensen-Ladebordwand mit einer Tragfähigkeit von 1500 Kilogramm; im dahinter liegenden Geräteraum sind fünf Rollcontainer eingeschoben. Laut Lentner hat das Fahrzeug bei einem zulässigen Gesamtgewicht von 14500 Kilogramm und einer Hinterachslast von zehn Tonnen eine freie Nutzlast von 2800 Kilogramm für die Rollcontainer. Lentner hat bei diesem Fahrzeug die Normbeladung eines LF 20/16 fest verlastet und eine Zusatzbeladung (beispielsweise für Einsätze mit schwieriger Wasserversorgung oder Technische Hilfeleistungen) in Rollcontainern verstaut. Die Feuerlöschkreiselpumpe FPN 10-3000 ist „midships" eingebaut; der Löschwasserbehälter fasst laut Lentner bis zu 2000 Liter. Es gibt auf beiden Fahrzeugseiten Pumpenbedienstände, ebenso A-Sauganschlüsse.

Ein völlig neues Löschfahrzeugkonzept stellte Schlingmann vor: das „Löschfahrzeug der Zukunft". Dabei wurde versucht, ein Löschfahrzeugkonzept mit einer ausgewogenen Gewichtsverteilung unter Berücksichtigung des nach Norm zulässigen Gesamtgewichts und der maximal zulässigen Norm-Achslast von zehn Tonnen zu entwickeln. Dies ist zweifelsohne gelungen. Bei einem zulässigen Gesamtgewicht von 14500 Kilogramm eines HLF 20/16 in der bewährten „QuadraVA"-Bauweise aus Edelstahl konnte Schlingmann mit dem neuen Konzept die Hinterachse nach eigenen Angaben um mehr als 700 Kilogramm entlasten – bei einigen positiven Randerscheinungen. Zum Konzept gehören ein an der Aufbau-Vorderwand gelagerter Löschwasserbehälter, der in der Schlingmann-Tank-Technologie (STT) in den Aufbau aus Stabilitätsgründen einlaminiert wird und so ein mögliches Fassungsvermögen bis zu 2400 Litern bietet, und eine direkt auf der Hinterachse „midships" eingebaute Feuerlöschkreiselpumpe. Die B-Druckabgänge sind in den heckseitigen Unterfahrschutz integriert; der Pumpenbedienstand ist hinten rechts in die Heckblende des Fahrzeugs integriert. Ein Geräteraum GR kann so entfallen, ebenso die Notwendigkeit, die Einpersonen-Haspeln schwenkbar ausführen zu müssen. Durch neue Leiterentnahmehilfen kann auf die Begehbarkeit des Daches verzichtet werden. Zudem sind die Geräteräume G5/G6 durchgängig, in denen nun auch Schwenk- oder Schiebeelemente angeordnet werden können. Schlingmann stellte das neue Fahrzeugkonzept als Concept-Car vor. Ein mit den meisten dieser Ideen ausgestattetes HLF 20/16 für die Feuerwehr Ratingen stand gleich neben dem Demonstrationsaufbau und stellte die Übertragung des Konzepts in die Praxis dar.

Interessant waren auch die Konzepte der Hersteller zum Löschgruppenfahrzeug für den Katastrophenschutz (LF-KatS). Das nach DIN 14530-8 genormte Fahrzeug (die Norm wurde im August 2010 veröffentlicht) wird bekanntermaßen vom Bundesamt für Bevölkerungsschutz und Katastrophenhilfe auf einem MAN TGM-Fahrgestell mit Lentner-Aufbau beschafft. Sowohl Magirus als auch Ziegler (hier auf einem Mercedes-Benz Atego 1326 AFE für die Feuerwehr Düsseldorf) stellten eigene Lösungen vor, die basierend auf der Norm des LF-KatS Alternativen für kommunale Beschaffungen darstellen.

## Die „Ziegler Z-Cab"

Eine der Überraschungen der Messe ist das neue Mannschaftsraummodul „Z-Cab" von Ziegler, welches vor allem hinsichtlich der Insassensicherheit Maßstäbe setzt. Während der Interschutz präsentierte Ziegler die „Z-Cab" am Beispiel eines HLF 20/16 auf Mercedes-Benz Atego 1629 AF. Die Kabine wurde in etwa zweieinhalbjähriger Entwicklungsarbeit konstruiert. Sie besteht aus einer CFK-Hülle mit innen liegendem Aluminiumgerippe, was laut Ziegler ein geringes Gewicht bei maximaler Steifigkeit und Korrosionsbeständigkeit garantiert. Ausstattungsbereinigt entspricht das Gewicht der „Z-Cab" der bisherigen Mannschaftsraumbauart. Die „Z-Cab" fällt vor allem durch die großen Glasflächen und den großzügigen 900 x 1800 Millimeter großen Einstieg auf. Im Innenraum waren beim Vorführfahrzeug je zwei Pressluftatmer-Halterungen „Z-Rack" in beziehungsweise entgegen der Fahrtrichtung angeordnet. Der so genannte PA-Rucksack kann dabei kleiner ausfallen. Neben pneumatischen Auftritten sind diverse andere Zusatzausstattungen als Option erhältlich, insbesondere Staufächer, Haltegriffe oder Fußrasten. Der Clou

**Rosenbauer stellte den „Neuen AT"-Aufbau vor, hier ein HLF 20/16 auf MAN TGM 15.290 (4x2)**

Ausgestellte Aufbauten „AT neu"

| | |
|---|---|
| LF 10/6 | MB Atego 1226 AF |
| HLF 20/16 | MAN TGM 15.290 4x2 BL |
| LF-B | MB Atego 1329 AF |
| RLFA 3000 | MAN TGM 18.340 4x4 BB |
| TLFA 5500/400 | MB Actros 2041 A |

der „Z-Cab" ist die Spreizung auf einer kurzen Entfernung von nur rund 30 Zentimetern von der Fahrerhausbreite auf die volle Fahrzeugbreite von 2,50 Metern. Dadurch erfolgt ein erheblicher Raumgewinn im Mannschaftsraum. Die „Z-Cab" ist grundsätzlich als fahrerhaus- oder als kofferintegrierte Variante lieferbar; Ziegler präferiert allerdings die fahrerhausintegrierte Version, also die klassische Bauweise. Die kofferintegrierte Version wird ab Frühjahr 2011 lieferbar sein. Laut Ziegler wird das neue Mannschaftsraummodul künftig ohne Mehrpreis (in der Grundversion) zum Serienumfang der Löschfahrzeuge gehören. Die derzeit noch aktuelle Mannschaftskabine läuft in der Produktion aus. Zunächst – vermutlich bis Oktober 2010 – wird die Anpassung auf Mercedes-Benz-Atego-Fahrgestelle erfolgen. Ab Januar 2011 wird die Montage der „Z-Cab" auf MAN-Fahrgestelle möglich. Die „Z-Cab" ist bereits heute Euro-VI-fähig und kann also auch auf der nächsten Fahrgestellgeneration eingesetzt werden.

## Der „Neue AT"

Der „Neue AT" von Rosenbauer dominierte natürlich die neuen Aufbaulösungen während der Interschutz. Der neue Aufbau löst die bisherigen AT- und ES-Aufbauten ab und soll sowohl in Leonding als auch in Luckenwalde gefertigt werden. Die ersten Auslieferungen sind für Frühjahr 2011 geplant. Rosenbauer zeigte mit gleich fünf Fahrzeugen die ganze Bandbreite dieses Aufbaus, der als neuer Einheitsaufbau alle kommunalen Feuerwehrfahrzeugtypen zwischen zehn und 20 Tonnen Gesamtgewicht abdecken soll. Er wird in zwei Breiten und drei Höhen sowie verschiedenen Ausstattungsniveaus (und damit auch verschiedenen Preissegmenten) angeboten. Der Aufbau ist sowohl mit einem in den Aufbau integrierten, als auch mit einem an die Originalkabine angebauten Mannschaftsraum erhältlich. Zudem kann der Aufbau auch ohne Mannschaftsraum, also nur mit einer serienmäßigen Truppkabine, gefertigt werden. Nach Rosenbauer-Angaben sind rund 115 Verbesserungen und Neuerungen in den Aufbau eingeflossen. Besondere Erwähnung muss dabei die Innenraumsicherheit im Mannschaftsraum finden, die – wie die Ziegler Z-Cab – Maßstäbe setzt.

## Weitere Aufbaulösungen

Magirus vereinheitlichte die AluFire-3-Aufbaulinie weiter. Dabei wurde insbesondere die Verwendung eines einheitlichen Innenausbaus und neuer, in der Konzernfarbe Blau lackierter Halterungen umgesetzt. Alle Innen- und Außenbeleuchtungen am Aufbau und im Mannschaftsraum kann Magirus nun als LED ausführen – dies ist allerdings kein Serienumfang. Zudem wurde die Durchrostungsgarantie – in Verbindung mit einem Wartungsvertrag – auf zwölf Jahre verdoppelt. Die als „M-Flash" bezeichneten Design-Blaulichter in LED-Technik bietet Magirus nun auch in einer GFK-Haube für die Mannschaftskabine an. Bisher waren die „M-Flash"-Komponenten nur am Heck lieferbar.

**TLFA 4000 nach Österreichischer Baunorm auf einem Iveco Trakker 360. Der Aufbau entstand im Magirus-Werk Kainbach bei Graz. Die Blaulicht-Formteile sind nun auf Kundenwunsch lieferbar**

**Links: HLF 20/16 der FF Hörstein (Stadt Alzenau) auf Mercedes-Benz Atego 1629 AF/Empl Rechts: Gimaex präsentierte ein für den Export bestimmtes HLF 20/16 auf Mercedes-Benz 1529 AF. Zur Ausstattung zählt auch eine one-Seven-Druckluftschaumanlage**

**Links: TLF 30/45 auf MAN TGM 18.330 4x4/BAI der FF Dörentrup, LG Wendlinghausen. Das Fahrzeug verfügt über eine Gruppenkabine und einen 4500-Liter-Löschwasserbehälter Rechts: Die polnische Firma Stolarczyk stellte dieses TLF auf einem MAN TGM 13.290 4x4 mit GFK-Aufbau vor**

In der neuen Aufbaulinie „AluFire 3" bietet Magirus seit der Interschutz nun auch das TLF 20/40-SL an. Das gefällig wirkende ausgestellte Fahrzeug mit außenliegendem Löschmittelbehälter führte 4000 Liter Wasser und insgesamt 500 Liter Schaummittel in zwei Tanks mit. Die Verkehrswarngeräte wurden auf einem fahrbaren Trolley mitgeführt.

Der Aufbau bei Gimaex hat nun einen Namen: „AluPrime". Der Aufbau selbst ist zwar weiterhin das bekannte Modulsystem aus Aluminium-Profilen und einer Aluminium-Verblendung auf einem feuerverzinkten Rahmen. Neu ist jedoch die umfassende Verwendung von LED bei der Geräteraumbeleuchtung und bei der Umfeldbeleuchtung. Eine Umfeld- und Geräteraumbeleuchtung integriert Gimaex dabei in die Regenleiste der Rollladen. Gimaex setzt zudem auf eine Komplettintegration aller Fahrgestell- und Aufbaukomponenten inklusive der löschtechnischen Einrichtungen in ein eigenes, direkt auf dem Fahrgestell aufsetzendes CAN-Bus-System (und nicht an dem von etwa 25 Herstellern initiierten Programm „FireCAN", das definierte Schnittstellen für die Einbindung von Komponenten liefert). Als Ausbaustufe stellte Gimaex an einem Waldbrandtanklöschfahrzeug einen am Pumpenbedienstand montierten Motorola-Touchscreen vor, an dem zusätzlich auch Funk, GSM-Modul und Rückfahrkamera angebunden sind.

Es gibt sie wieder: die Tanklöschfahrzeuge. Insbesondere der Norm-Entwurf für das TLF 10/20 sorgte für Interesse bei Herstellern wie Feuerwehrangehörigen, zeigten doch verschiedene Hersteller erste Lösungen. Vor allem der Mercedes-Benz Unimog U20 scheint für dieses „kleine" Tanklöschfahrzeug prädestiniert zu sein. Ziegler und Schlingmann hatten Fahrzeuge mit 2200-Liter-Löschwasserbehälter ausgestellt. Als Alternative für den Unimog U20 stellte Magirus den Iveco Daily mit Allradantrieb vor, der in diesem Fall über eine Ausrüstung für die Waldbrandbekämpfung auf Sizilien verfügte. Das Fahrzeug ist

**Den Mercedes-Benz Unimog U20 baute Ziegler als TLF 10/22 auf**

aber durchaus – mit einem abgeänderten Aufbau – als Norm-Tanklöschfahrzeug denkbar.

Auffällig bei der Interschutz war zudem die große Zahl von Waldbrandtanklöschfahrzeugen, sowohl nach Normen und Bauvorschriften europäischer Staaten als auch ungenormt. Fast alle Hersteller zeigten entsprechende Fahrzeuge, insbesondere für die Märkte Frankreich, Spanien, Italien oder Kroatien. Vielfach überzeugte das auf die Taktik abgestimmte technische Konzept; man darf gespannt sein, wie sich der Markt in Deutschland entwickelt. Besondere Aufmerksamkeit erregte das Konzeptfahrzeug des Waldbrandtanklöschfahrzeuges „Miracle CAFS“ der japanischen Firma Morita. Das auf einem Iveco Eurocargo 4x4 aufgebaute Fahrzeug verfügt hinter dem Fahrerbereich über ein halboffenes Einsatzdeck mit einer PC-gestützten Operationszentrale zum Informationsaustausch mit Einsatzkräften am Boden und in der Luft. Beidseitig des Operationsdecks befinden sich stationäre Werfer. Die beidseitigen Geräteräume sind mit absenkbaren Geräteschränken zur besseren Entnahme ausgestattet. Das Fahrzeug hat ein Einsatzgewicht von etwa 11 500 Kilogramm.

## Neue Fahrgestelle

Premiere im Feuerwehrbereich feierten während der Interschutz der bereits erwähnte Mercedes-Benz Unimog U20 sowie der Mercedes-Benz Zetros. Ziegler hatte zwei Zetros-Fahrgestelle des Typs 2733 A 6x6 aufgebaut. Während der Rüstwagen mit 50-Kilonewton-Seilwinde, Lichtmast und 23-kVA-Einbaugenerator am Ziegler-Stand präsentiert wurde (Ziegler baut nach eigenen Angaben drei dieser Rüstwagen für Kenia), zeigte Mercedes-Benz am eigenen Stand das TLF 30/90-5 für den Waldbrandeinsatz. Im modularen GFK-ALPAS-Kofferaufbau werden 9000 Liter Wasser und 500 Liter Schaummittel mitgeführt.

**Mercedes-Benz stellte den Zetros 2733 (6x6) als WTLF mit Ziegler-Aufbau vor**

Die Feuerlöschkreiselpumpe leistet 3000 l/min bei 10 bar; der Dachwerfer hat einen Durchfluss von 2000 l/min. Das hochgeländegängige Fahrgestell hat eine serienmäßige Watfähigkeit von 80 Zentimetern, optional auch 1,19 Metern. Der Mercedes-Benz Zetros ist ein „Baukasten-Fahrzeug“: Es verfügt über ein Actros-Chassis, eine Unimog-Tür im Fahrerhaus und einen Axor-Antriebsstrang. Es sind Fahrzeuge zwischen 18 und 27,5 Tonnen zulässigem Gesamtgewicht darstellbar. Dem Vernehmen nach erhält der vom Kreisfeuerwehrverband unterhaltene ABC-Dienst im Landkreis Pinneberg einen Zetros als Wechselladerfahrzeug.

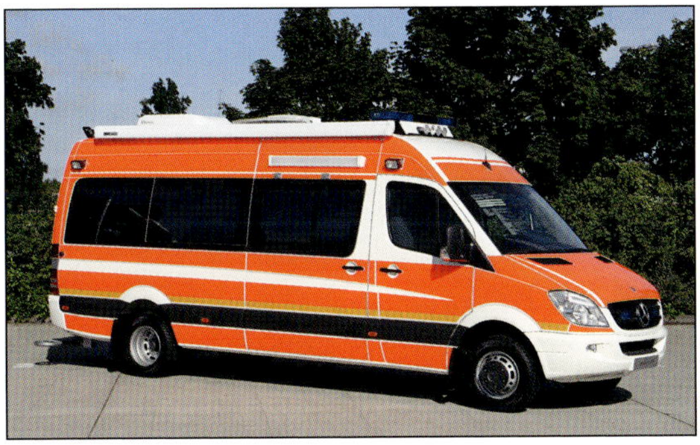

**ELW 1 auf Mercedes-Benz Sprinter 516 CDI**

Iveco Magirus hat die Allradfahrgestelle hinsichtlich der Wattiefe überarbeitet: höher gelegte Entlüftungsleitungen an den Achsen und Radbremszylindern, gegen Wassereintritt abgedichtete Bremstrommeln und hochgezogene Auspuffrohre ermöglichen je nach Reifengröße Wattiefen von 86 und knapp 90 Zentimetern.

Mercedes-Benz stellte gleich eine ganze Reihe von interessanten Anwendungen vor: Der Mercedes-Benz Econic ist beispielsweise mit einer vollwertigen Vier-Personen-Kabine lieferbar. Außerdem wurde ein HLF 20/16 auf Basis eines Mercedes-Benz Axor 1833 L mit gekröpfter Vorderachse ausgestellt. Damit wollte das Unternehmen gezielt Kundenreaktionen testen. Nach Angaben eines Firmensprechers sei ein Bedarf für die schwere Aufbauvariante des HLF 20/16 vorhanden, weil sich immer mehr Feuerwehren eine Trennung von der 14-/15-Tonnen-Klasse vorstellen könnten. Die eigentliche Nachricht betrifft jedoch den Pkw-Bereich: Mercedes-Benz bietet nach einigen Jahren der Abstinenz wieder Sonderfahrzeuge für die Behörden und Organisationen mit Sicherheitsaufgaben auf Pkw-Basis an. Neu ist, dass der Vertrieb künftig über die Sonderfahrzeugverkäufer des Nutzfahrzeugbereichs erfolgt. Zunächst sind Modelle der B-, C- und E-Klasse als Kommandowagen oder Notarzt-Einsatzfahrzeug vorgesehen. Ausgestellt wurde aber auch ein KdoW auf Basis des Mercedes-Benz GLK.

## Rüst- und Gerätewagen sowie Sonderfahrzeuge

Erstaunlicherweise fanden sich auf dem Ausstellungsgelände nur wenig Rüstwagen, die der Norm entsprachen, zum Beispiel bei Ziegler oder Gimaex. Sonderlösungen aufgrund örtlicher Anforderungen gab es hingegen einige: Die Feuerwehr Ludwigshafen erhält ebenso einen Rüstwagen mit Kran (Rosenbauer-Aufbau) wie die Freiwillige Feuerwehr Torgau (Schlingmann-Aufbau). Für die Stuttgarter Straßenbahn AG und die Branddirektion Stuttgart baute Rosenbauer einen Rüstwagen-Schiene auf einem Mercedes-Benz Actros.

Interessanter (und vielfältiger) waren die Lösungen bei den Gerätewagen Logistik. Fast alle Hersteller zeigten entsprechende Fahrzeuge in unterschiedlichster Konzeption und Ausführung. Besonders interessant ist, dass auch Rosenbauer seit Jahresbeginn diesen Fahrzeugtyp anbietet. Das Unternehmen stellte einen GW-L2, aufgebaut auf einem MAN TGM 13.290, vor. Lentner zeigte einen GW-L2 mit einem Radstand von 4200 Millimetern, der neun Rollcontainer aufnehmen kann. Und – eher versteckt am Stand der Firma Günzburger Steigtechnik – stand ein Gerätewagen Logistik auf einem MAN TGM 12.250 der Freiwilligen Feuerwehr Thalfingen, dessen von der Firma Gross (Ulm) in Anlehnung an Getränke-Lkw erstellter Aufbau zugleich als Ladungssicherungsein-

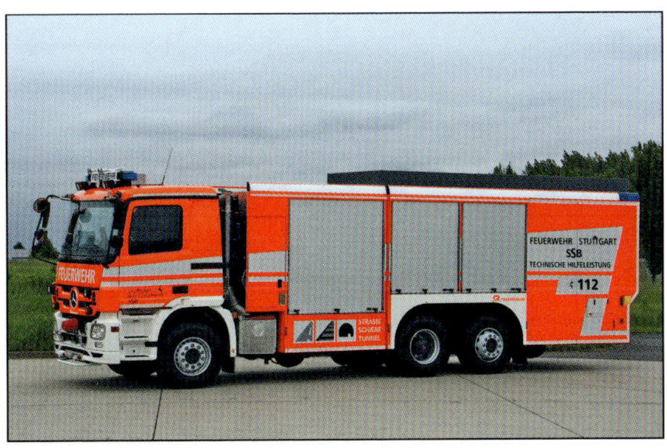

**Rosenbauer zeigte den RW-Schiene auf einem Mercedes-Benz Actros 2548 L (6x2), den die BF Stuttgart und die Stuttgarter Straßenbahn AG gemeinsam konzipiert haben**

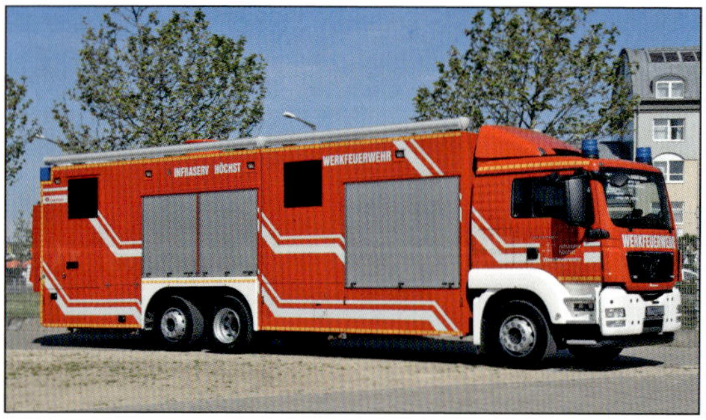

Links: Rosenbauer baute für die WF Infraserv Höchst diesen GW-Dekon auf einem MAN TGS 26.440 Rechts: Nach Shanghai lieferte Empl dieses Tunnellöschfahrzeug „Doppelköpfiger Drache" auf einem MAN TGM 18.330

richtung zugelassen ist. Auch Thoma zeigte einen interessanten GW-L2, der für die Freiwillige Feuerwehr Herbolzheim gefertigt worden ist.

Bei den Einsatzleitagen fielen neben diversen Einsatzleitwagen der Größe 2 vor allen zwei Fahrzeuge auf: Plastisol bietet den GFK-Aufbau „Eclipse" für Einsatzleitwagen an. Aufgebaut auf einem Renault Master ist der Aufbau 4,90 Meter lang und zwei Meter breit (jeweils Innenmaße). Nach Firmenangaben können darin bis zu sechs Arbeitsplätze angeordnet werden. Ebenfalls interessant ist die neue Kooperation der beiden bayerischen Anbieter Lentner und Compoint im Aufbau und Vertrieb von Einsatzleitwagen. Während Lentner einen Aluminium-Sandwich-Koffer erstellt, liefert Compoint die fernmeldetechnische Ausstattung der Einsatzleitwagen.

## Flughafenlöschfahrzeuge

Flughafenlöschfahrzeuge waren das heimliche Hauptthema der Interschutz: selten haben die Aussteller diesen Fahrzeugtyp mit so vielen Neuerungen bedacht und in so großer Stückzahl gezeigt. Es gab diverse Hersteller, die ihre Produkte zur Flugzeugbrandbekämpfung zwar im Original oder als Prospekt vorstellten, auf dem deutschen Markt vermutlich jedoch keinen Fuß fassen können. Beispielhaft seien tht (Tschechien) oder New Sentosa (Indonesien) genannt. Die polnische Firma Wawrzaszek stellte das Flughafenlöschfahrzeug „Felix" vor. Das auf einem dreiachsigen Fresia-Fahrgestell aufgebaute Fahrzeug mit einem GFK-Aufbau kann bis zu 11500 Liter Löschmittel mitführen und verfügt über eine Ruberg-Feuerlöschkreiselpumpe, die bis zu 6000 l/min fördert.

Zumindest optisch interessant war der „Toro" des spanischen Anbieters Iturri/Protec-Fire. Das zweiachsige Fahrzeug führt etwa 7000 Liter Löschmittel mit.

Der französische Konzern Sides stellte den neuen „S3X" vor. Das dreiachsige, komplett überarbeitete Flughafenlöschfahrzeug des französischen Typs „VMA 108" kann bis zu zirka 10 500 Liter Löschmittel mitführen. Sides hat den Typ bereits 62-mal verkauft, davon 14-mal an französische Flughäfen und 40-mal an die französische Luftwaffe.

Links: Der Landesfeuerwehrverband Salzburg stationierte in Hallein diesen GW-G (laut österreichischer Norm: GSFA) auf Basis eines Mercedes-Benz Atego 1226 AF. Am Heck befindet sich eine Ladebordwand. Aufbau: Empl Rechts: An die FF Hückeswagen ging dieser RW von Gimaex. Fahrgestell: MAN TGM 13.190 4x4

Lentner zeigte seine Flughafenbaureihe „Avenger“. Allein im Jahr 2009 hat das Unternehmen nach eigenen Angaben 16 Fahrzeuge ausgeliefert. Während der Messe wurde ein Vertrag über die Lieferung von sechs Fahrzeugen in der 6x6-Version nach Thailand unterschrieben. Und im Oktober 2010 soll die vierachsige 8x8-Version vorgestellt werden.

Die niederländische Marke Kronenburg ist zurück. Zusammen mit Plastisol bietet das Unternehmen seit der Interschutz wieder Flughafenlöschfahrzeuge mit der Typbezeichnung „MAC“ an. Vorgestellt wurde ein auf einem KME-6x6-Fahrgestell mit

**Die Städteregion Aachen bestellte bei Gimaex diesen GW-G auf Basis des Mercedes-Benz Atego 1226 F**

**Die BF Ludwigshafen erhielt von Rosenbauer diesen RW-Kran auf Basis eines Scania R 400 CB 6x4 HSA. Der Fassi-Bergekran hat eine maximale Hubkraft von 572 kN; der maximale Ausschub beträgt 24,8 m. Weitere Ausstattung: 40-kVA-Generator, 80-kN-Seilwinde, pneumatisch ausfahrbarer Lichtmast mit vier 1500-W-Scheinwerfern**

einem 520-Kilowatt-Caterpillar-Dieselmotor aufgebauter „Crashtender MAC 12“, der neben sieben Feuerwehrangehörigen noch 12000 Liter Wasser und 1450 Liter Schaummittel mitführen kann. Während die Entwicklung und die Löschtechnik von Kronenburg stammt, steuerte Plastisol den Aufbau bei. Kronenburg bietet neben der vorgestellten Variante künftig nach Firmenangaben auch 4x4- und 8x8-Fahrzeuge an. Die Fahrzeuge sind nach Firmenangaben vor allem für den Export in Schwellenländer vorgesehen. Künftig, so ein Firmensprecher, sollen auch wieder Fahrzeuge für den kommunalen Markt angeboten werden.

Plastisol selbst zeigte zwei zweiachsige Flughafenlöschfahrzeuge: Während das erste auf einem KME-Fahrgstell aufgebaute Fahrzeug 6000 Liter Wasser und 720 Liter Schaummittel mitführte, kam der Typ „CT 10“ nur auf 5000 Liter Wasser und 620 Liter Schaummittel. Das Fahrzeug ist komplett luftverlastbar und verfügt über eine Kabine für vier Einsatzkräfte. Die Löschtechnik, die von Partnerfirmen beigesteuert beziehungsweise ausgebaut wird, kann mittels Ein-Knopf-Bedienung komplett auf das Luftlademaß eingefahren werden.

Ziegler stellte neben dem „Z8“ vor allem den zivilen „Z6“ vor. Im vergangenen Jahr sind bereits mehrere dieser Fahrzeuge an die Bundeswehr ausgeliefert worden. Das dreiachsige Fahrzeug des Typs FLF 80/125-15+250P, das über ein gemeinsam von Ziegler und Thomas gefertigtes Allradfahrgestell verfügt, wird von einem Volvo-Dieselmotor mit einer Leistung von 515 Kilowatt angetrieben. Ingesamt werden in dem für den Flughafen Brüssel bestimmten Ausstellungsfahrzeug 12 500 Liter Wasser und 1500 Liter Schaummittel mitgeführt. Die Feuerlöschkreiselpumpe leistet 8000 l/min bei 10 bar.

Wie während der Interschutz bekannt gegeben wurde, hat Ziegler auch den Zuschlag für die neue Generation der vierachsigen Flughafenlöschfahrzeuge am Flughafen Frankfurt/Main erhalten. Daraus entsteht die „Z8“-Baureihenerweiterung „Z8 XXL“ mit einem Gesamtgewicht von 52 000 Kilogramm. Die auf Titan-Fahrgestellen mit einem Zwei-Moto-

**Auf den Namen „Toro“ hört dieses FLF des spanischen Anbieters Iturri/Protec-Fire**

ren-Konzept aufgebauten Fahrzeuge sollen bis zu 16 500 Liter Wasser und 2000 Liter Schaummittel mitführen. Während einige Fahrzeuge einen Löschgelenkarm erhalten werden, werden andere Fahrzeuge nur mit einem Dachwerfer, der bis zu 6500 l/min bei 10 bar leistet, ausgerüstet werden. Weitere Ausstattungsmerkmale sollen laut Ziegler eine Hinterachszusatzlenkung, eine Infrarotkamera an der Fahrzeugfront und ein pneumatisch betätigtes Absturzsicherungsgitter auf dem Fahrzeugdach sein. Die Euro-V-Motoren sollen 1035 Kilowatt leisten und das Fahrzeug auf bis zu 135 km/h beschleunigen. Der Prototyp soll laut Ziegler Ende 2011 ausgeliefert werden; die ersten sechs Serienfahrzeuge bis Ende 2012.

Premiere feierte bei Magirus der „Dragon 2“. Das ausgestellte Fahrzeug wurde an den Flughafen Hong Kong verkauft. Magirus bietet eine komplette neue Flughafenlöschfahrzeugfamilie an: angefangen beim zweiachsigen Fahrzeug über die Dreiachsvariante bis hin zum 8x8 in zwei Längen, wobei – mit Ausnahme des „Dragon 4x4“ – auch Löschgelenkarme lieferbar sind. Das völlig überarbeitete Flughafenlöschfahrzeug wird auf einem eigenen, neu entwickelten Allradfahrgestell mit Heckmotoren und Starrachsaufhängung mit Schraubenfedern aufgebaut. Die Fahrzeuge werden von Iveco-Dieselmotoren mit einer Leistung von je 412 Kilowatt angetrieben. Bei der 8x8- und einer 6x6-Version sind in einem Powerpack je zwei Motoren zusammengeschaltet. Die Dreiachsausführung gibt es zudem aber auch in einer kostengünstigeren Variante mit nur einem Motor. Das Fahrzeug bietet drei Fahrersitzoptionen und verschiedene Kabinenvarianten für bis zu sechs Einsatzkräfte. Davon können bis zu vier Sitzplätze mit Halterungen für Pressluftatmer ausgestattet werden. Der „Dragon 2“ kann in der Version 8x8 zwischen 12 000 und 17 000 Liter Wasser sowie 1500 bis 2040 Liter Schaummittel und 500 Kilogramm Pulver mitführen. Der „Dragon 2 6x6“ führt bis zu 12 500 Liter Wasser und 1500 Liter Schaummittel sowie 250 Kilogramm Pulver mit. Bei beiden Fahrzeugen leisten die Feuerlöschkreiselpumpen 10 000 l/min bei 10 bar und 250 l/min bei 40 bar.

**An die FF Hörbranz (Österreich) lieferte Empl dieses GTLF-A 8000/500/500 auf einem MAN TGS 28.480**

„Impact 2“ lautet der Name der überarbeiteten Baureihe der auf Lkw-Serienfahrgestellen basierenden Flughafenlöschfahrzeuge von Magirus. Je nach Fahrgestelltyp können die Fahrzeuge bis zu 9100 Liter Wasser und 1300 Liter Schaummittel sowie 250 Kilogramm Pulver mitführen.

Rund 800-mal wurde das Flughafenlöschfahrzeug „Panther“ nach Firmenangaben rund um den Globus verkauft. Während der Interschutz wurde die neueste Variante vorgestellt: der „Panther 8x8 SWB“. SWB steht für Short Wheel Base und weist auf den um einen Meter verkürzten Radstand hin. Die Ausstattung und die Löschtechnik bleiben wie beim normalen „Panther 8x8“ die gleiche. Das Fahrzeug wird von zwei Caterpillar-Dieselmotoren mit zusammen 926 Kilowatt angetrieben. Allerdings sind die Löschmittelmengen reduziert: Die SWB-Version kann nur 12 500 Liter Wasser (Basis-Version 16 800 Liter) und 1500 Liter Schaummittel (Basis-Version 2200 Liter) mitführen. Aufgrund des kürzeren Radstandes ist der „Panther 8x8 SWB“ nur 12 245 Millimeter lang (und damit 850 Millimeter kürzer als die Basis-Version). Dadurch kann er nach Firmenangaben allerdings für den Straßenverkehr zugelassen werden. Die ersten Kunden, die solche Fahrzeuge erhalten, sind die Flughäfen Leipzig-Halle und Düsseldorf. Ein weiteres Löschfahrzeug für den Flugzeugbrandschutz war am Stand der Bundeswehrfeuerwehren ausgestellt: das Feuerlösch-Kraftfahrzeug Leicht. Rosenbauer baute das Flughafenlöschfahrzeug der Reihe „Buffalo“ auf einem Scania P380 CB 4x4 EHZ auf. Das Fahrzeug führt 2800 Liter Wasser, 280 Liter Schaummittel, 135 Kilogramm Pulver und 120 Kilogramm Kohlenstoffdioxid mit.

Als weitere Neuheit zeigte Rosenbauer die Rettungstreppe E8000/E3000, aufgebaut auf einem MAN TGS 26.480 6x4 H-BL mit hydrostatischem Allradantrieb. Das Fahrzeug geht an den Flughafen Leipzig/Halle. Über die 1,50 Meter bereite Haupttreppe (für drei Personen nebeneinander) können Rettungshöhen von 3,3 bis 8,3 Meter erreicht werden, sodass auch an einem Airbus A380 angedockt werden kann. Die Fronttreppe deckt den Bereich zwischen einem und drei Metern ab.

# BF Hamburg

## Neue Generation von Hilfeleistungslöschfahrzeugen und Hubrettungsfahrzeugen

**von Manfred Gihl**

### Entwicklung der HLF in Hamburg

Eine neue – die sechste – Generation von HLF (so genannte „Hamburger Löschfahrzeuge") wird seit Anfang 2010 bei der Berufsfeuerwehr Hamburg eingeführt. Bis 1985 wurden für die BF ausschließlich Löschgruppenfahrzeugen LF 16 beschafft. Mit der Umsetzung des 1990 beschlossenen „Fahrzeugkonzepts 2001" wurde der seit der Nachkriegszeit bestehende Drei-Fahrzeug-Löschzug, bestehend aus jeweils genormtem Tanklöschfahrzeug TLF 16/25, Löschgruppenfahrzeug LF 16 und Drehleiter DL 30 beziehungsweise DLK 23-12, zugunsten des „Hamburger Löschzugs" aufgegeben. An die Stelle von TLF 16/25 und LF 16 trat das „Hamburger Löschfahrzeug" (HLF), dem Grunde nach ein Hilfeleistungs-Löschfahrzeug. Es begann 1993 mit sieben HLF auf Mercedes-Benz-Fahrgestellen. Davon war übrigens eines in RAL 1016 (Schwefelgelb) lackiert und sorgte auf der Interschutz 1994 in Hannover für einiges Aufsehen. Im Einzelnen sind fünf Generationen zu unterscheiden:

1. Generation
1993: 7 HLF auf Mercedes-Benz 1222 AF mit Aufbauten von FGL
2. Generation
1994/96: 12 HLF auf Mercedes-Benz 1224 AF mit Aufbauten von Ziegler
3. Generation
1997: 8 HLF auf Iveco FF 135 E 24 W mit Aufbauten von Magirus
4. Generation
1999: 8 HLF auf MAN 14.264 LA-LF mit Aufbauten von Magirus
5. Generation
2000: 8 HLF auf MAN 14.264 LA-LF mit Aufbauten von Magirus
2001: 2 HLF auf MAN 14.264 LA-LF mit Aufbauten von Magirus
2003: 2 HLF auf MAN 15.285 LA-LF mit Aufbauten von Magirus

**HLF 20/16 und DLA(K) 23/12 der neuen Generation an der Alster vor dem Stadtpanorama** Foto: Gärtner

Insgesamt wurden demnach 43 Hilfeleistungslöschfahrzeuge beschafft, die Fahrgestelle und die Aufbauten stammen von je drei verschiedenen Herstellern.

## 2009: Die sechste Generation der HLF

Die neue Generation von HLF ist die konsequente Weiterentwicklung der bisher beschafften HLF. Basis der neuen Konzeption ist DIN 14530-11 „Löschgruppenfahrzeug LF 20/16, Hilfeleistungs-Löschgruppenfahrzeug HLF 20/16“. Eine Projektgruppe unter Leitung der Abteilung Technik und Logistik erarbeitete seit Juli 2007 das technische Konzept und die Ausschreibungsunterlagen. Die Projektgruppe war darüber hinaus beauftragt, ein technisches Gesamtkonzept für Hilfeleistungen aller Art zu erarbeiten. Danach sind zur Ergänzung der Hilfeleistungslöschfahrzeuge Gerätewagen-Rüstmaterial und Abrollbehälter AB-Rüst vorgesehen. Der Projektgruppe gehörten Mitarbeiter des Einsatzdienstes, der Landesfeuerwehrschule, der Freiwilligen Feuerwehren und der Technischen Abteilung an.

Aufgrund der europaweiten Ausschreibung wurde der Auftrag 2009 über 21 HLF 20/16 unter Verwendung von Fahrgestellen Mercedes-Benz Atego 1629 AF an die Firma Ziegler vergeben. Weitere 20 HLF sollen ab 2012 folgen. Den Prototyp, den Ziegler noch Ende 2009 ablieferte, erhielt die Feuer- und Rettungswache 13 (Rotherbaum) zur Erprobung.

Die Fahrgestelle haben einen Radstand von 3860 mm. Die Watfähigkeit beträgt maximal 80 cm. Die HLF sind mit Motorleistungen von 210 kW (bisher 191 kW) ausreichend stark motorisiert. Die Leistung wird über Fünfgang-Automatikgetriebe Typ 3000 PR von Allison an alle Räder abgegeben.

Die Gruppenkabine besteht aus GFK und bietet fünf Personen Platz. An allen Sitzplätze sind Dreipunktgurte vorhanden. Die drei Sitze entgegengesetzt zur Fahrtrichtung sind mit Pressluftatmer-Halterungen ausgestattet. Im Geräteschrank im Mannschaftsraum werden unter anderem Gasspürkoffer, Gaswarngerätekoffer, Strahlenschutzmesskasten, Wärmebildkamera, Einwegschutzanzüge und Kontaminationsschutzkleidung aufbewahrt. Weitere Ausrüstung wird in den Sitzbankkästen mitgeführt, zum Beispiel Fluchthauben und Warnwesten.

Auf dem Doppelblitz-Blaulichtbalken von Haensch sind zwei zusätzliche Scheinwerfer zur Ausleuchtung der Einsatzstelle nach vorn montiert. Selbstverständlich ist eine seitliche Umfeldbeleuchtung vorhanden.

Die Feuerlösch-Kreiselpumpe ist vom Typ FPN 10-2000, der Löschwasserbehälter mit Tankfüllautomatik fasst 1600 Liter. Auf dem Geräteraumdach ist ein abnehmbarer Wasserwerfer, Fördermenge maximal 5000 l/min, angeordnet. Am Heck ist ein Lichtmast mit zwei Halogenscheinwerfern (je 1000 Watt) angebaut. Die Einpersonenhaspel, auf der das Standrohr gelagert ist, kann zur Seite geschwenkt werden.

Äußerlich fallen die neuen HLF durch ihre rote Folienbeklebung nach RAL 3026 auf weißem Grund auf. Sie löst die bisher durchgängig verwendete Tagesleuchtlackfarbe RAL 3024 ab. Zusätzlich ist eine Konturmarkierung mittels gelber Reflexfolie vorhanden. Schon bei den HLF der 5.Generation gab es eine Fahrtrichtungsanzeige in Form von zwei Leuchten an der Kabinenrückwand, damit sich die Mannschaft auf bevorstehende Kurvenfahrten einstellen kann. Ebenfalls wird durch eine Leuchte die Betätigung der Bremse angezeigt.

An den Mannschaftsraumtüren sind innen rotweiße Warnmarkierungen und rote Warnlichter zur Sicherheit der absitzenden Mannschaften vorhanden.

Bei der feuerwehrtechnischen Beladung hat es einige Neuerungen gegeben. Die hydraulischen Rettungsgeräte sind leistungsstärker geworden. Von Weber Hydraulik stammen die Rettungsschere RS 170 und der Spreizer SP 49. Die klassische Kübelspritze wurde durch das Kleinlöschgerät „Hydrofix“ und die Schwerschaumrohre durch Kombinationsrohre (für Schwer- und Mittelschaum) ersetzt. Neue Hohlstrahlrohre Typ Hamburg (100 bis 400 l/min Durchfluss) der Größe B und C lösen die „Fogfighter“- und die B-Strahlrohre ab. Neu in der Beladung sind eine Schleifkorbtrage und eine Tasche für den Sicherheitstrupp.

So stellen die neuen HLF sowohl aufbautechnisch als auch beladungsmäßig eine wohldurchdachte, auf langjährigen Praxiserfahrungen beruhende Weiterentwicklung dar.

## Vier neue Hubrettungsfahrzeuge

Auch bei den Hubrettungsfahrzeugen zog im vorigen Jahr eine neue Fahrzeuggeneration ein. Nachdem 1996 erstmals nach dem Zweiten Weltkrieg eine Drehleiter von Magirus in Dienst genommen worden war, wurden 2009 vier genormte Drehleitern DLA

Hamburger Löschfahrzeug HLF 20/16 von Ziegler auf dem Fahrgestell Mercedes-Benz Atego 1629 AF

Rückansicht des Hamburger Löschfahrzeugs HLF 20/16
Foto: Gärtner

(K) 23/12 auf Iveco-Fahrgestellen mit Magirus-Aufbauten beschafft. Sie sind Ersatz für vier Metz-Drehleitern von 1991 beziehungsweise 1993.

Die Fahrgestelle sind vom Typ Iveco 160 E 30 mit langer Kabine (erstmals von Magirus für diesen Typ geliefert). Die zulässige Gesamtmasse beträgt 16.000 Kilogramm, die Leermasse 14.050 Kilogramm. Die Sechszylinder-Dieselmotoren nach EURO 5 haben eine Leistung von 220 Kilowatt bei 2.500/min und geben ihre Leistung über ein Fünfgang-Automatikgetriebe von Allison, Typ 3000 PR, auf die Hinterräder ab.

Der Rettungskorb an der Spitze des vierteiligen Leitersatzes hat eine maximale Traglast von 270 Kilogramm. Am Rettungskorb befinden sich zwei Xenon-Scheinwerfer, elektrische Energieanschlüsse für 24, 230 und 400 Volt, ein B-Anschluss und eine Bodensprühdüse zum Selbstschutz. Mithilfe von zwei Multifunktionshalterungen an der Korbvorderseite können wahlweise eine Krankentragenhalterung (Belastung 200 Kilogramm), eine Halterung für den Druckbelüfter oder ein Wasser-/Schaumwerfer angebracht werden. Der Wasser-/Schaumwerfer, dessen Förderleistung maximal 1.600 l/min beträgt, kann vom Hauptbedienstand elektrisch ferngesteuert werden. Zur Herstellung der Löschwasserversorgung vom Boden zum Rettungskorb dient eine Haspel mit 35 m B-Schlauch, die am Heck angeordnet ist und bei Bedarf in den Leitersatz geschwenkt wird.

An der Unterleiter ist eine maschinelle Hebeeinrichtung angeordnet. Mithilfe einer Rotzler-Winde können Lasten bis zu 4000 Kilogramm gehoben werden. Am ersten Leiterteil ist eine Windmesseinrichtung angebracht, deren Messungen dem Maschinisten am Bedienstand angezeigt werden.

Am Drehstuhl auf der rechten Fahrzeugseite sind ein 8-kVA-Stromerzeuger und ein Druckbelüfter gelagert. Die feuerwehrtechnische Beladung umfasst unter anderem einen Sprungretter SP 16, Motorkettensäge, Elektromotor-Kettensäge, Trennschleifer und Beleuchtungsgerät.

Wie die neuen HLF weisen auch die Drehleitern eine rote Folienbeklebung nach RAL 3026 auf.

Die vier Drehleitern wurden im Laufe des Jahres 2010 bei den Feuer- und Rettungswachen 21 (Wandsbek), 23 (Barmbek), 25 (Billstedt) und 26 (Bergedorf) in Dienst gestellt.

Der Sollbestand von 21 Hubrettungsfahrzeugen setzt sich gegenwärtig aus folgenden Drehleitern und Teleskopmastfahrzeugen (TMF) zusammen:
3 DLK 23-12 von Metz auf Fahrgestell Mercedes-Benz 1427 F, Baujahr 1995
4 DLK 23-12 von Metz auf Fahrgestell Mercedes-Benz 1427 F, Baujahr 1996

**DLA(K) 23/12 der Feuer- und Rettungswache Billstedt. Fahrgestell: Iveco 160 E 30, Aufbau: Magirus**

**DLA(K) 23/12 der Feuer- und Rettungswache Bergedorf. Fahrgestell: Iveco 160 E 30, Aufbau: Magirus**

1 DLK 23-12 von Magirus auf Fahrgestell Iveco Magirus FF 150 E 27, Baujahr 1996
1 DLK 23-12 von Metz auf Fahrgestell MAN 15.285 LC, Baujahr 1998
2 DLK 23-12 von Metz auf Fahrgestell MAN 15.285 LC, Baujahr 1999
3 TMF 23-12 von Bronto Skylift (TLK 23-12) auf Fahrgestell Mercedes-Benz Atego 1628 F, Baujahr 2006
3 TMF 23-12 von Metz (B 32) auf Fahrgestell Mercedes-Benz Atego 1628 F, Baujahr 2007
4 DLA (K) 23/12 von Magirus auf Fahrgestell Iveco 160 E 30, Baujahr 2009

Hinzu kommt das Teleskopmastfahrzeug Bronto Skylift F 53 RL, Baujahr 2005 (siehe Jahrbuch 2006, Seite 35). Der Fahrzeugbestand kann also durchaus als „gemischt" angesehen werden.

Die Teleskopmastfahrzeuge von Bronto Skylift wurden bereits im Jahrbuch 2007 ausführlich vorgestellt. Erwähnenswert ist, dass sie erstmals als Ersatz, also nicht als Ergänzung von genormten Drehleitern, gewählt wurden.

**Rückansicht der DLA(K) 23/12 der Feuer- und Rettungswache Bergedorf**

In der Unterleiter ist der Kranhaken der 4000-kg-Hebeeinrichtung angeordnet

Auf dem Podest ist der Wasser-/Schaumwerfer gelagert

Seitlich am Leiterstuhl sind eine Haspel mit 35 m B-Schlauch, ein Stromerzeuger 8 kVA und ein Druckbelüfter gelagert

# Tanklöschfahrzeug TLF 8 (W)

## nach den Technischen Weisungen Nr. 3 und Nr. 3/1 des niedersächsischen Innenministeriums

**von Thorsten Waldmann**

Verheerende Wald- und Heidebrände zerstörten im Sommer 1975 in den Landkreisen Celle, Gifhorn und Lüchow-Dannenberg über 13.000 Hektar Heide- und Moorland. Sechs Feuerwehrleute ließen bei der Brandbekämpfung ihr Leben.

Die Auswertung der Brandkastastrophe zeigte, daß nicht nur organisatorische Mängel aufgetreten waren, sondern daß häufig auch eine ungenügende Ausstattung der Feuerwehren eine effektive Brandbekämpfung verhinderte. Das niedersächsische Ministerium des Innern erließ daraufhin binnen kurzer Zeit Technische Weisungen (im folgenden auch TW genannt) für ein Tanklöschfahrzeug 8 (Sonderausführung Waldbrandbekämpfung) (TLF 8 (W), TW Nr. 3), für einen Kommandowagen als mobile Einsatzleitstelle (KdoW, TW Nr. 4) – siehe dazu den Bericht im Jahrbuch Feuerwehrfahrzeuge 2010 – und schließlich für Löschwasser-Außenlastbehälter für Hubschrauber (TW Nr. 6), deren Beschaffung finanziell gefördert wurde.

Der vorliegende Beitrag stellt das Tanklöschfahrzeug 8 (Sonderausführung Waldbrandbekämpfung) – Kurzbezeichnung TLF 8 (W) – nach der Technischen Weisung Nr. 3 vor, die als Runderlaß des niedersächsischen Ministeriums des Innern am 17. Dezember 1976 erging.

### Der Runderlaß

Beim TLF 8 (W) nach der TW Nr. 3 handelte es sich um ein Tanklöschfahrzeug, das für die Bekämpfung von Entstehungsbränden in schwer zugänglichen Wald-, Moor- und Heidegebieten mit ungenügender Löschwasserversorgung konzipiert war. Die mitge-

**Das TLF 8 (W) der FF Vechelde-Wahle bei einer Übung der Feuerwehrbereitschaft Ost des Landkreises Peine in der Ortschaft Schwicheldt**

Foto: FF Vechelde-Wahle

führte Löschwassermenge war so bemessen, daß in begrenztem Umfang die Brandstelle im Pendelverkehr mit Löschwasser versorgt werden konnte. Zudem war das TLF 8 (W) auch so ausgerüstet, daß es bei Bränden in bebauten Gebieten und bei Verkehrsunfällen eingesetzt werden konnte. Hier war der gemeinsame Einsatz mit einem Löschgruppenfahrzeug vorgesehen, das die Mannschaft und die ergänzende Ausrüstung an die Einsatzstelle brachte.

Die Besatzung bestand aus – so wörtlich – „einem Löschtrupp mit der Stärke von 1/1 Feuerwehrmännern (SB)". Das Fahrzeug war mit einer vom Fahrzeugmotor angetriebenen, am Heck des Fahrzeuges einzubauenden Feuerlösch-Kreiselpumpe FP 8/8 auszurüsten; zwei absperrbare B-Druckschlauchanschlüsse waren vorzusehen. Der Löschwasserbehälter sollte ein nutzbares Volumen von mindestens 1800 l fassen. Der Hauptverwendungszweck des Fahrzeuges schlug sich klar in einer Bestimmung nieder, derzufolge eventuelle Gewichtsreserven – soweit nicht für zusätzliche Geräte zur Waldbrandbekämpfung verwendet – ausdrücklich für die Erhöhung der Löschwassermenge zu verwenden waren.

**Eines der ersten TLF 8 (W) erhielt 1976 die FF Dingstede im Landkreis Oldenburg. Als Fahrgestell wurde ein MB U 406 verwendet, Schlingmann erstellte den Aufbau. FP 8/8 von Rosenbauer, Löschwasserbehälter 2000 Liter**

Die Schnellangriffseinrichtung mußte oberhalb der Pumpe im Fahrzeugheck eingebaut werden. Hierdurch sollte gewährleistet werden, daß der formstabile Schlauch auf schmalen Waldwegen nach beiden Seiten gleich gut herausgezogen werden konnte.

Besonders hohe Anforderungen wurden an das Fahrgestell gestellt. Es war ein serienmäßiges Fahrgestell mit besonderen Geländeeigenschaften zu verwenden. Die besonderen Geländeeigenschaften wurden wie folgt definiert:

- Allradantrieb auf vier gleichgroße Räder, die mit Niederflur-Einzelgeländereifen ausgerüstet sind
- Differentialsperren an Vorder-und Hinterachse
- Bodenfreiheit mindestens 450 mm
- Bauchfreiheit mindestens 300 mm
- vorderer und hinterer Überhangwinkel mindestens 35°

Der Antriebsmotor mußte eine Nennleistung von mindestens 15 PS je Tonne zulässiges Gesamtgewicht erreichen, die Höchstgeschwindigkeit sollte 70 km/h nicht unterschreiten. Das zulässige Gesamtgewicht des TLF 8 (W) durfte nicht höher als 7.490 kg sein. Die Abmessungen des Fahrzeuges waren wie folgt festgelegt worden (Größtmaße): Länge 6000 mm, Breite 2500 mm, Höhe 3000 mm.

Für den vorgesehenen Haupteinsatzzweck ebenfalls sehr wichtig war eine gute Wendigkeit des Fahrzeuges: der Wendekreisdurchmesser durfte daher höchstens 15 Meter betragen.

Die feuerwehrtechnische Beladung des TLF 8 (W)* orientierte sich an der damaligen DIN-Beladung des Tanklöschfahrzeuges TLF 8/18. Krankentrage, Verbandkasten, Mulden und Einreißhaken sah die TW im Gegensatz zur Norm für das TLF 8/18 nicht vor. Auch auf die Mitführung eines Ersatzrades als auch auf den Arbeitsstellenscheinwerfer und den zugehörigen Aufsteckzapfen durfte gegebenenfalls verzichtet werden.

Zusätzlich zur Beladung des TLF 8/18 waren eine Motorsäge und sechs Feuerpatschen mitzuführen. Die Beladung mußte in einem geschlossenen, vom Fahrerhaus abgesetzten Aufbau untergebracht werden; die Aufbauöffnungen waren mit Raumabschlüssen zu versehen. Ausdrücklich war festgelegt worden, daß Saugschläuche, Leitern, Räumgeräte und Feuer-

*Besonders im Internet werden gelegentlich auch selbsterschaffene „Mischbezeichnungen" wie „TLF 8/18 (W)" oder gar „TLF 8/18 Wald" verwendet. Diese Bezeichnungen tragen leider nur zur Verwirrung bei.

patschen außerhalb des Aufbaus gelagert werden durften.

Mit weiterem Runderlaß des MI vom 5. Mai 1977 (Technische Weisung Nr. 3/1) wurden die Anforderungen in einigen Punkten modifiziert. Etwas unklar ist zunächst die Formulierung, daß neuere Fahrgestelle Raum- und Gewichtsreserven zur Aufnahme eines Löschtrupps „mit der Stärke von 1 bis 2 Feuerwehrmännern (SB)“ böten. Offenbar handelt es sich hier um ein redaktionelles Versehen – es dürfte vielmehr ein (selbständiger) Trupp mit einer Stärke von 1/2 gemeint sein. Auch böten – so heißt es weiter – diese Fahrgestelle Raum- und Gewichtsreserven zur Unterbringung einer Atemschutzausrüstung, bestehend aus 3 Preßluftatmern (Stückgewicht 16,5 kg). Weiter wird ausgeführt, daß nun auch TLF 8 (W) mit „verstärktem Löschtrupp“ und einer angegebenen Atemschutzausrüstung als zuwendungsfähige Beschaffungsmaßnahme anerkannt würden.

Das Fahrzeug mit verstärkter Besatzung und ergänzter Ausrüstung sei vorwiegend für Einsätze in waldbrandgefährdeten Gebieten vorgesehen. Ausdrücklich wurde zudem erwähnt, daß bei Bränden in bebauten Gebieten und bei Verkehrsunfällen der Einsatz nur in Verbindung mit einem Löschgruppenfahrzeug erfolgen dürfe.

Mit Runderlaß vom 5. November 2002 wurden die TW Nr. 3 und 3/1 zurückgezogen.

## Fahrzeuge

Sämtliche TLF 8 (W) wurden auf Mercedes-Benz-Unimog-Fahrgestellen gefertigt, davon die weitaus meisten auf dem U 1300 L, einige jedoch auch auf U 1350 L, U 1500 L und U 1550 L. Die ersten Exemplare des neuen Unimog-Modells, des Baumusters (BM) 435, hatte Mercedes-Benz 1976 ausgeliefert.

Auf der IAA 1977 stellte Daimler-Benz dann ein Fahrzeug dieser Baureihe, einen U 1300 L, als Tanklöschfahrzeug TLF 8/18 vor. Das erste TLF 8 (W) nach der Technischen Weisung Nr. 3 wurde vermutlich erst 1978 ausgeliefert. Die Konstruktion des Unimog mit schraubengefederten Portalachsen und vier gleichgroßen Rädern gewährleistete die Einhaltung der geforderten großen Bodenfreiheit von 450 mm. Die Überhangwinkel von mindestens 35° vorn und hinten wurden durch die kurzen Rahmenüberhänge sichergestellt. In schwerstem Gelände ließen sich die Differentialsperren ohne Zugkraftunterbrechung zum Allradantrieb hinzuschalten, womit an jedem der vier Räder die gleiche Antriebskraft zur Verfügung stand.

**Der bei fast allen TLF 8 (W) vorhandene Schlauchanschluss auf dem Dach, hier beim Fahrzeug der FF Stadensen (Landkreis Uelzen)**

Mindestens ein TLF 8 (W) wurde allerdings noch auf dem älteren Fahrgestell BM 416 (U 416) gebaut. Dieses Fahrzeug wurde bereits 1976 an die FF Dingstede (OL) geliefert, bei der es sich noch immer im Dienst befindet.

Die Aufbauten fertigten mehrere namhafte Hersteller, so insbesondere Schlingmann (82 Fahrzeuge) und – in wohl deutlich kleineren Stückzahlen – Metz und Ziegler sowie GFT. TLF 8 (W) mit Magirus- oder Bachert-Aufbauten sind dem Verfasser dagegen nicht bekanntgeworden. Schlingmann verwendete für das TLF 8 (W) einen Gerätekoffer mit vier Rolläden (zwei auf der linken Seite, jedoch nur einer auf der rechten Seite, zudem ein Rolladen am Heck). Eine Ausnahme bildet hier das Fahrzeug der FF St. Hülfe (DH) mit fünf Geräteräumen. Metz baute die Fahrzeuge sowohl mit vier als auch mit fünf Geräteräumen, wobei es interessanterweise auch eine Variante mit nur einem Rolladen auf der linken Seite (und zwei auf der rechten) gab. Die Ziegler-Fahrzeuge sowie das einzige bekannte TLF 8 (W) mit GFT-Aufbau verfügten jeweils über Aufbauten mit fünf durch Rolläden verschlossenen Geräteräumen.

Fast alle Fahrzeuge waren mit einer Dachluke im Fahrerhaus und einem C-Schlauch-Anschluss auf dem Geräteraumdach versehen. Auf diese Weise war es möglich, auch während der Fahrt vom Fahrzeug über ein Strahlrohr Wald- und Flächenbrände zu bekämpfen. Vorgeschrieben war diese Einrichtung entgegen einer verbreiteten Auffassung aber nicht. Ein Beispiel für ein TLF 8 (W) ohne diese Zusatzeinrichtung findet sich bei der FF Apensen (STD).

Bei mehreren Feuerwehren stehen TLF 8 (W) mit einer Anbauplatte und Hydraulikanschluss im Dienst. Beispielhaft sei hier das Fahrzeug der Ortsfeuerwehr Obenende der FF Papenburg (EL) genannt, in deren Einsatzgebiet sich größere Torfvorkommen befinden. Sie ließ sich ihr 1980 gebautes Schlingmann-Tanklöschfahrzeug schon kurz nach der Anschaffung mit einer Aufnahmevorrichtung für schweres Räumgerät ausstatten. Zudem ist dieses Fahrzeug ist mit einem hydraulischen Lucas-Rettungssatz und Ölbindemittel beladen.

In jeder Hinsicht aus dem Rahmen fällt das TLF 8 (W), welches bis 2009 bei der FF Göttingen-Grone im Dienst stand. Es handelt sich vermutlich um das einzige TLF 8 (W), welches GFT (Bad Friedrichshall) jemals baute. Das 1997 auf einem MB U 1500 L gefertigte Fahrzeug überschritt mit einem zulässigen Gesamtgewicht von immerhin 9.000 kg die Vorgaben der Technischen Weisung nicht unerheblich. Zudem war anstelle der vorgeschriebenen FP 8/8 eine FP 16/8 eingebaut. Sehr ungewöhnlich war auch der auf dem Aufbau fest montierte Werfer. Die Größe des Löschwassertanks entsprach mit 1800 Litern den Vorgaben der Technischen Weisung.

## Neuaufbauten und Nachfolgefahrzeuge

Mittlerweile sind die ersten gebauten TLF 8 (W) über 30 Jahre alt und weisen nicht selten Verschleißerscheinungen auf. Hiervon sind vor allem die Aufbauten betroffen. Bei mehreren Feuerwehren gibt es daher Pläne, ihr vorhandenes TLF 8 (W) mit einem neuen Aufbau versehen zu lassen. Hintergrund hierfür für diese Überlegungen ist, dass die sehr robusten Unimog-Fahrgestelle – im Gegensatz zu vielen Aufbauten – nach einer Generalüberholung in aller Regel noch für einen längeren Zeitraum verwendet werden könnten. Ein positiver Nebeneffekt ist, dass die so erstellten Fahrzeuge noch mit dem alten Führerschein der Klasse 3 (unter 7,5 Tonnen zulässi-

**Das im Text erwähnte frühere TLF 8 (W) der FF Hambühren, ein MB U 1300 L mit Schlingmann-Aufbau aus dem Jahr 1981. Das Fahrzeug stand bis 2009 im Einsatzdienst**

ges Gesamtgewicht) gefahren werden dürften. Aufgrund der wesentlich höheren Gewichte aktueller Fahrgestelle wäre dies mit einem vergleichbaren neuen Fahrgestell nicht möglich.

Die FF Stadensen (Gemeinde Wrestedt) im Landkreis Uelzen, zu deren Einsatzbereich unter anderem die Waldgebiete „Blauer Berg" und „Wierener Berge" gehören, erhielt 1980 ein TLF 8 (W) auf Unimog U 1300 L mit Ziegler-Aufbau. Nachdem sich nach etwa 25 Jahren Einsatzdienst am Aufbau erhebliche Schäden zeigten, beschloss die Feuerwehr – nicht zuletzt aus Kostengründen –, ihr TLF mit einem neuen Aufbau versehen zu lassen. Nach der Einholung mehrerer Angebote erhielt Ziegler 2007 den Zuschlag für den Neuaufbau des Tanklöschfahrzeuges. Außer der Fertigung eines komplett neuen Aufbaues umfasste der Auftrag eine Generalüberholung der Feuerlösch-Kreiselpumpe FP 8/8 sowie eine Generalüberholung des Chassis und des Fahrerhauses. Auch nach dem Neuaufbau beträgt das zulässige Gesamtgewicht des Fahrzeuges 7.490 kg, so dass es weiterhin von Inhabern der alten Fahrerlaubnis der Klasse 3 gefahren werden kann. Der Löschwasserbehälter ist unverändert für einen Inhalt von 1800 Litern ausgelegt.

Auch die FF Hambühren im Landkreis Celle plante ursprünglich, ihr 1981 gebautes TLF 8 (W) (MB U 1300 L/Schlingmann) nach 28 Jahren Einsatzdienst neu aufbauen zu lassen. Man entschied sich jedoch kurzfristig für ein interessantes Angebot aus Luxemburg, wo eine Feuerwehr ein 1991 gebautes TLF 20/20-2 aussonderte. Der Mercedes-Benz U 1550 L mit Somati-Aufbau verfügt über einen 2000-Liter-Löschwasserbehälter und einen 200-Liter-Schaummitteltank. Die Feuerlösch-Kreiselpumpe ist mit einem Hochdruckteil ausgestattet, zudem verfügt das Fahrzeug über zwei elektrisch betriebene Schnellangriffshaspeln. Im Rahmen der bei Thoma vorgenommenen Umbauarbeiten wurden unter anderem ein Dachwerfer, ein Lichtmast mit zwei zwei Xenonscheinwerfern und eine Dachblende mit Umfeldbeleuchtung montiert.

Unter den künftig genormten Tanklöschfahrzeugen könnte sich als Nachfolger des TLF 8 (W) das derzeit im Normungsstadium befindliche TLF 10/20 anbieten. Die Vorgaben der geplanten Norm werden voraussichtlich den Bau eines kompakten, geländegängigen Tanklöschfahrzeuges zulassen. Da der Normentwurf eine zulässige Gesamtmasse von 10.000 kg vorsieht, ist kaum damit zu rechnen, dass diese Fahrzeuge auch in Ausführungen mit maximal 7490 kg Gesamtmasse gebaut werden können.

**Die FF Müden/Örtze im Landkreis Celle setzt dieses TLF 8 (W) mit Schlingmann-Aufbau ein: Mercedes-Benz U 1300 L, Baujahr 1982, Wassertank 2000 l. Das Fahrzeug ist zusätzlich mit einer Ölsperre für Gewässer beladen**

Oben: **1979 baute Schlingmann das TLF 8 (W) auf MB U 1300 L für die FF Parsau/Ahnebeck (Landkreis Gifhorn). Wie alle hier gezeigten Schlingmann-Fahrzeuge ist es mit einer FP 8/8 von Rosenbauer ausgerüstet.** Unten: **Die FF Papenburg-Obenende im Landkreis Emsland ließ ihr 1980 gebautes TLF 8 (W) mit Schlingmann-Aufbau mit einer Anbauplatte nachrüsten. Mercedes-Benz U 1300 L, Schlingmann-Aufbau, 1800 l Wasser, hydraulischer Hilfeleistungssatz**

**Ungewöhnlich ist dieses TLF 8 (W) der FF Sankt Hülfe (Landkreis Diepholz) auf MB U 1350 L. Deutlich ist der im Vergleich zu anderen Schlingmann-Fahrzeugen längere Aufbau zu erkennen. Baujahr 1995, Wasservorrat nur 1600 l**

**Im Jahr 1992 lieferte Ziegler dieses TLF 8 (W) an die FF Wietze (Landkreis Celle). Das Fahrgestell ist vom Typ U 1550 L FP 8/8, Löschwasserbehälter 1800 Liter**

**Die FF Wahle (heute Vechelde-Wahle, Landkreis Peine) erhielt 1979 ein TLF 8 (W) mit Metz-Aufbau auf Mercedes-Benz U 1300 L. Das Fahrzeug war bis Mitte 2010 im Dienst**

Dieses TLF 8 (W) setzte die FF Osterwald UE (Region Hannover) ebenfalls bis 2010 ein. Mercedes-Benz U 1300 L, Aufbau Metz, Löschwasserbehälter 1800 l, Baujahr 1980

Das ehemalige TLF 8 (W) der FF Göttingen-Grone, ein MB U 1500 L mit GFT-Aufbau, FP 16/8, Dachwerfer und 9000 kg zulässigem Gesamtgewicht

**TLF 8 (W) der FF Stadensen (Landkreis Uelzen), 1981 von Ziegler auf MB U 1300 L gebaut, mit neuem Aufbau aus dem Jahre 2007. FP 8/8, Löschwasserbehälter 1800 Liter, zulässiges Gesamtgewicht 7490 kg**

**Anstelle des zunächst beabsichtigten Neuaufbaues ihres TLF 8 (W) beschaffte die FF Hambühren schließlich dieses sehr gut erhaltene TLF 20/20-2, ein Mercedes-Benz U 1550 L mit Somati-Aufbau**

# Weitere Bücher unseres Verlages

Fordern Sie unser Gesamtverzeichnis an mit Büchern über **Autos**, **Motorräder**, **Lastwagen**, **Traktoren**, **Feuerwehrfahrzeuge**, **Baumaschinen** und **Lokomotiven**:

Verlag Podszun Motorbücher GmbH
Elisabethstraße 23-25, 59929 Brilon
Telefon 02961-53213, Fax 02961-9639900
Email info@podszun-verlag.de
www.podszun-verlag.de

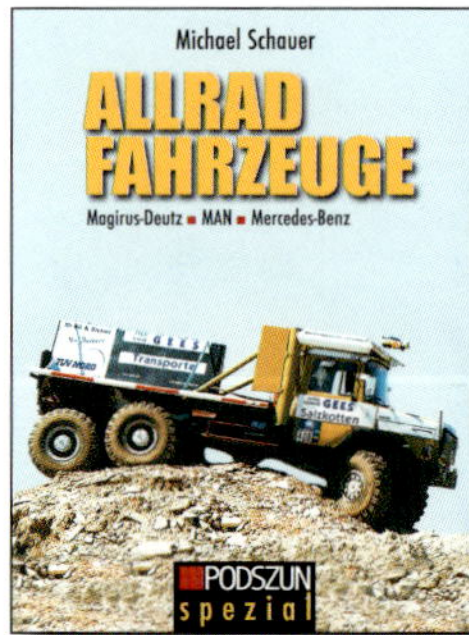


Michael Schauer zeigt und erläutert die spannendsten Allradfahrzeuge, die man nicht alle Tage zu sehen bekommt.

144 Seiten, 285 Abbildungen
24 x 17 cm, Leinenbroschur
Bestellnummer **564** EUR **14,90**

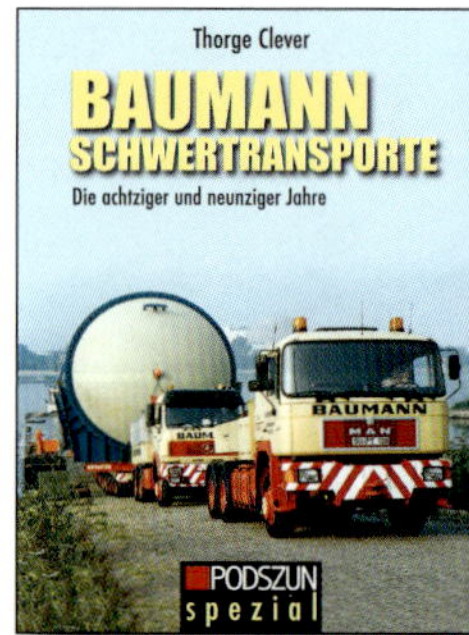


Spektakuläre Schwertransporte aus den 80er und 90er Jahren und die interessantesten Baumann-Fahrzeuge im Einsatz.

144 Seiten, 270 Abbildungen
24 x 17 cm, Leinenbroschur
Bestellnummer **581** EUR **14,90**

Die Geschichte der deutschen Drehleitern in den wichtigsten Ländern der Erde. Viele interessante Leiterfahrzeuge.

223 Seiten, 382 Abbildungen
28 x 21 cm, fester Einband
Bestellnummer **175** EUR **34,90**

Drehleiterfahrzeuge deutscher Feuerwehren im 20. Jahrhundert mit einer Menge faszinierender Abbildungen.

208 Seiten, 340 Abbildungen
28 x 21 cm, fester Einband
Bestellnummer **240** EUR **34,90**

Die Sonderfahrzeuge der Feuerwehr mit ihren technischen Details kommen bei Unfällen und Katastrophen zum Einsatz.

144 Seiten, 350 Abbildungen
28 x 21 cm, fester Einband
Bestellnummer **533** EUR **24,90**

45 Jahre deutsche Feuerwehrgeschichte. Nachschlagewerk und ein exzellenter Bildband für jeden Feuerwehrliebhaber.

144 Seiten, 410 Abbildungen
28 x 21 cm, fester Einband
Bestellnummer **360** EUR **19,90**

Sachkundige Dokumentation der amerikanischen Feuerwehrfahrzeuge mit faszinierenden Abbildungen.

208 Seiten, 380 Abbildungen
28 x 21 cm, fester Einband
Bestellnummer **248** EUR **34,90**

Alle Fahrzeugtypen der Berliner Feuerwehr ab 1960. Der Berliner Löschzug ebenso wie die Sonderfahrzeuge.

160 Seiten, 370 Abbildungen
28 x 21 cm, fester Einband
Bestellnummer **192** EUR **24,90**

100 Jahre Hamburger Feuerwehrgeschichte mit technischen Daten, Tabellen und einer Vielzahl bisher unbekannter Bilder.

184 Seiten, 420 Abbildungen
28 x 21 cm, fester Einband
Bestellnummer **331** EUR **29,90**

Die Geschichte und die interessantesten Fahrzeuge der insgesamt 20 Berufs- und hauptamtlichen Freiwilligen Feuerwehren.

128 Seiten, viele Abbildungen
28 x 21 cm, fester Einband
Bestellnummer **440** EUR **19,90**

Aus seinem Archiv mit 35 000 Bildern aus 25 Jahren stellt Thorge Clever in seinem 2. Band die spannendsten Transporte vor.

136 Seiten, 310 Abbildungen
28 x 21 cm, fester Einband
Bestellnummer **539** EUR **24,90**

Die Autoren zeigen mit zahlreichen Fotos die Leistungsfähigkeit bedeutender Schweizer Unternehmen.

144 Seiten, 320 Abbildungen
28 x 22 cm, fester Einband
Bestellnummer **555** EUR **24,90**

Einmalige Dokumentation der Fahrzeuge und der Unternehmen. Die Abschleppwagen werden von allen Seiten gezeigt.

296 Seiten, 1000 Abbildungen
28 x 21 cm, fester Einband
Bestellnummer **537** EUR **39,90**

Dokumentation der Geschichte der Milcherfassung vom Handkarren bis zu den modernen Tankfahrzeugen von heute.

160 Seiten, 380 Abbildungen
28 x 21 cm, fester Einband
Bestellnummer **562** EUR **24,90**

Abbildungen, Dokumente und Prospekte der legendären Feuerwehrmarke. Eine Fundgrube für alle Magirus-Fans.

208 Seiten, 410 Abbildungen
28 x 21 cm, fester Einband
Bestellnummer **241** EUR **34,90**

Die Geschichte der Scania-Feuerwehrfahrzeuge bis in die Gegenwart mit allen technischen Daten und vielen Fotos.

128 Seiten, 150 Abbildungen
28 x 21 cm, fester Einband
Bestellnummer **181** EUR **24,90**

Gezeigt wird die atemberaubende Technik der TII-Group, des weltweit führenden Anbieters für Schwerlast und Spezialfahrzeuge.

180 Seiten, 645 Abbildungen
28 x 22 cm, fester Einband
Bestellnummer **557** EUR **29,90**

Von der ersten selbstfahrenden Dampfspritze bis zu den modernsten Feuerwehrfahrzeugen von heute.

248 Seiten, 1410 Abbildungen
28 x 21 cm, fester Einband
Bestellnummer **389** EUR **39,90**

Erstmals die komplette Geschichte dieses großen deutschen Feuerwehrherstellers mit allen technischen Daten.

192 Seiten, 525 Abbildungen
28 x 21 cm, fester Einband
Bestellnummer **378** EUR **29,90**

Rund 150 Sonderlöschfahrzeuge werden hier ausführlich dargestellt mit technischen Daten und Maßstabzeichnungen.

342 Seiten, 805 Abbildungen
28 x 21 cm, fester Einband
Bestellnummer **216** EUR **44,90**

Der Autor war mit Akribie den Volkswagen bei der Feuerwehr auf der Spur und legt eine umfassende Chronologie vor.

182 Seiten, 500 Abbildungen
28 x 21 cm, fester Einband
Bestellnummer **416** EUR **29,90**

Exzellente Fotografien dokumentieren die Iveco Magirus Feuerwehrfahrzeuggeschichte von den Anfängen 1975 bis heute.

176 Seiten, 370 Abbildungen
28 x 21 cm, fester Einband
Bestellnummer **561** EUR **29,90**

M
Flughafen
München
Ziegler
FS ED 964